谁种谁赚钱·设施蔬菜技术丛书

叶(茎)类蔬菜设施栽培

常有宏　余文贵　陈　新　主　编
徐　海　宋　波　编　著

中国农业出版社

图书在版编目（CIP）数据

叶（茎）类蔬菜设施栽培/徐海，宋波编著．—北京：中国农业出版社，2013.6（2016.9重印）
（谁种谁赚钱·设施蔬菜技术丛书/常有宏，余文贵，陈新主编）
ISBN 978-7-109-17761-1

Ⅰ.①叶… Ⅱ.①徐… ②宋… Ⅲ.①蔬菜－温室栽培 Ⅳ.①S626.5

中国版本图书馆 CIP 数据核字（2013）第 067688 号

中国农业出版社出版
（北京市朝阳区农展馆北路 2 号）
（邮政编码 100125）
策划编辑 杨天桥

北京中兴印刷有限公司印刷　新华书店北京发行所发行
2013 年 6 月第 1 版　2016 年 9 月北京第 2 次印刷

开本：850mm×1168mm 1/32　印张：4.75　插页：2
字数：120 千字　印数：4 001～7 000 册
定价：18.00 元
（凡本版图书出现印刷、装订错误，请向出版社发行部调换）

出版者的话

　　我国农民历来有一个习惯，不论政府是否号召，家家户户都要种菜。

　　在人民公社化时期，即使土地是集体的，政府也划给一家一户几分"自留地"种菜。白天，农民在集体的土地上种粮，到了收工的时候，不管天黑，也不顾饥肠辘辘，一放下工具就径直奔向自留地，侍弄自家的菜园。因为，种菜不仅可以满足一家人一年的生活，胆大的人还可以将剩余的菜"冒险"拿到市场上换钱。

　　实行分田到户后，伴随粮食的富余，种菜的农民越来越多。因为城里人对蔬菜种类和数量的需求日益增长，商品经济越来越活跃，使农民直接看到了种菜比种粮赚钱。

　　近一二十年来，市场越来越开放，农业生产分工越来越细，种菜的农民也越来越专业，他们不仅在露地大面积种菜，还建造塑料大棚、日光温室，甚至蔬菜工厂等，从事设施蔬菜生产。因为，在设施内种菜，可以不受季节限制，不仅一年四季都有新鲜菜上市，也为菜农增加了成倍的收入。

　　巨大的商机不仅让农民获得了实惠，也使政府找到了"抓手"。继"菜篮子工程"之后，近年来，各地政府又不断加大了对设施蔬菜的资金补贴，据2010年12月国家发展和改革委员会统计：北京市按中高档温室每亩 1.5 万元、简易温室 1 万元、钢架大棚 0.4 万元进行补贴；江苏省紧急安排 1 亿元蔬菜生产补贴，扩大冬种和设施蔬菜种植面积；陕西省安排补贴资金 2.5 亿元，其中对日光温室每亩补贴 1 200 元，设施大棚每亩补贴 750 元；宁夏对中部干旱和南部山区日光温室、大中拱棚、小拱棚建设每亩分别补贴 3 000 元、1 000 元和 200 元……使设施蔬菜的发展势头迅猛。截止到 2010 年，我国设施蔬菜用 20％的菜地面积，提供了 40％的蔬菜产量和 60％的产值（张志斌，2010）！

万事俱备，只欠东风。目前，各地菜农不缺资金、不愁市场，缺的是技术。在设施内种菜与露地不同，由于是人造环境，温、光、水、气、肥等条件需要人为调节和掌控，茬口安排、品种的生育特性要满足常年生产和市场供给的需要，病虫害和杂草的防控需要采用特殊的技术措施，蔬菜产品的质量必须达到国家标准。为了满足广大菜农对设施蔬菜生产技术的需求，我社策划出版了这套《谁种谁赚钱·设施蔬菜技术丛书》。本丛书由江苏省农业科学院组织蔬菜专家编写，选择栽培面积大、销路好、技术成熟的蔬菜种类，按单品种分 16 个单册出版。

由于编写时间紧，涉及蔬菜种类多，从选题分类、编写体例到技术内容等，多有不尽完善之处，敬请专家、读者指正。

2013 年 1 月

● 目 录

第一章

大白菜设施栽培

一、大白菜生物学特性

大白菜原产于我国，为十字花科芸薹属芸薹种中能形成叶球的亚种，一、二年生草本植物。别名：结球白菜、黄芽菜、包心白菜。各地普遍栽培，在海拔3 600米（如西藏拉萨）地区也有种植，主要产区在长江以北，种植面积约占秋播蔬菜面积的30%～50%。

（一）大白菜植物学特征

1. 根 大白菜属于直根系，主根较发达。在主根上部由胚根形成肥大的直根。主根纤细，长60～80厘米。主根上生有2列侧根，侧根发达。子叶期从主根上开始发生第1级侧根，当长出第1、2片真叶时可发生第2、3级侧根，到莲座期可发生4、5级侧根。根系分布范围广而深，在进入结球期时，产生6、7级侧根，根系的吸收面积最大，地上部的增长量也达到了高峰值。由主根和侧根形成一个上部大、下部小的圆锥形根系。大白菜的主根虽然深度可达1米以上，但主要的吸收根系在距地表7～30厘米处最为旺盛。因此，在栽培上需要采取促根、壮根等措施，才易获得强大根系。根系发育好，地上部产量高，反之地上部产量也低。

2. 茎 大白菜的茎分为营养茎和花茎。营养茎可分为幼茎和短缩茎。幼茎为子叶出土后的上胚轴。当种子发芽后，展开1对子叶后就有了幼茎，茎的居间生长极不发达，从外观上几乎看不出茎的形态。当幼苗继续生长，发生8～10片真叶时，形成1

个小圆盘状叶丛，幼茎短缩，易于分辨。当莲座期结束，外叶已全部形成，此时茎的顶部开始形成球叶顶芽，在短缩茎上密排着多个叶片。当进入结球期后，可明显看到粗壮而短的短缩茎。短缩茎直径4～8厘米，茎顶平坦，越近顶端节间越短，其形态因品种不同而异，每节生"根生叶"1枚，腋芽不发达。横断面韧皮部、木质部都较发达，特别是中心髓部发育明显。

在生殖生长时期，花茎于翌年从短缩茎开始延长生长，逐渐形成花茎。一般高60～100厘米，并可发生分支2～3次，基部分枝较长，上部分枝较短，使植株呈圆锥状。花茎淡绿至绿色，表面有蜡粉。一般主枝及第3级侧枝的生长势往往弱于1、2级侧枝，结荚果数亦少。

3. 叶 大白菜的叶片因在植株上生长的位置和生理功能不同，表现出多种形态。

（1）子叶 子叶2枚，对生，大小略有不同，肾形或倒心脏形，叶面较光滑，有明显的叶柄。一般播后8～10天，叶面积达最大值，在苗期快结束时趋于生理衰老，逐渐脱落。苗越健壮，脱落时间越晚。

（2）初生叶 又称基生叶。初生叶2枚，长椭圆形，具羽状网状脉，表面有毛或无毛，叶缘锯齿状，有明显的叶柄，无叶翅，无托叶。初生叶对生于茎基部子叶节以上，与子叶垂直排列成"十"字形。

（3）莲座叶 又称中生叶。从初生叶之后到球叶出现之前的叶，称为莲座叶。莲座叶是叶球形成期的主要同化器官，着生于短缩茎中部，互生。叶片肥大，深绿色。叶形倒披针形至阔倒卵圆形，无明显叶柄，叶翅明显，边缘锯齿状，羽状网状脉发达。一般有18～24片，莲座叶为大白菜生长和结球制造大量养分，并起到保护叶球的功能。莲座叶是否健壮，决定叶球的大小及充实。

（4）球叶 又称顶生叶，着生于短缩茎的顶端。互生。先长的球外叶能见到部分阳光，叶色成绿色至淡绿色。内叶见不到阳光，叶片成白色或淡黄色。叶片大而柔嫩，叶柄肥厚。叶片上部向内弯曲，以摺抱、叠抱、拧抱等多种抱合方式构成硕大的叶球。球叶数目随品种而异，一般叶片数在 40～80 片，叶数型较多，叶重型较少。

(5) 茎生叶　当大白菜进入生殖生长期，随着抽薹开始出现茎生叶，它着生于花茎和花枝上。叶片互生，叶腋间发生分枝。叶片较小，没有叶柄，叶片基部直接抱茎而生。叶片表面较光滑，平展，有蜡粉，叶缘锯齿少。

4. 花　大白菜转向生殖生长后，在主枝和侧枝的生长点开始分化花芽，并进一步发育形成花。大白菜的花由花梗、花托、花萼、花冠、雄蕊群经雌蕊组成。花梗是花与花轴相连的中间部分，花梗的上部逐渐膨大而形成花托，其上着生花萼、花冠、雄蕊和雌蕊。花萼是包被在花最外面的叶状体，呈绿色，属十字形花冠。花瓣托上有蜜腺。雄蕊 6 枚，4 枚较长，2 枚较短。花药 2 室，花成熟时纵裂释放花粉。花粉主要靠昆虫传播，也可靠风力传播。雌蕊 1 枚，子房上位 2 室，有假隔膜。柱头为头状。花序为总状花序，顶生或腋生。在这个花群轴的顶端可无限生长，生有互生的多数总状单轴花组，每个花组下方生有 1 片顶生叶。开花的顺序是由基部向顶部开放。单株一般有 1 000～2 000 朵花，花期 20～30 天，主枝上的花先开，然后是 1 级侧枝、2 级侧枝顺序开放。

5. 果实　授粉、受精后胚珠逐渐发育成果实，由果皮和种子组成。果皮分为外果皮、内果皮和中果皮，长角果，细长圆筒形，长 3～6 厘米，一枝花序可着生荚果 50～60 个。授粉到种子成熟需 30～40 天，过期容易裂果。一个果荚中有种子 30 粒左右，着生于侧膜胎座上。果实先端陡缩成"果喙"，其中无种子。

6. 种子　圆球形，微扁，红褐色至褐色或黄色。无胚乳。直径 1.3～1.5 毫米，千粒重 2.5～4 克。种皮内有成熟的胚，其中包括子叶、胚芽、子叶下轴或胚轴和胚根。胚芽被严密包裹在子叶之中，受到种皮和子叶的双重保护。种子寿命一般可维持5～6年，但年代久发芽率低，生产上多利用1～2年的新种子。

(二) 大白菜生长发育对环境条件的要求

1. 温度　大白菜属半耐寒性蔬菜，生长适温为12～22℃，高于30℃时则不能适应。在10℃以下生长缓慢，5℃以下停止生长。短期-2～0℃受冻后能恢复，-5～-2℃以下则易受冻害。耐轻霜而不耐严霜。

大白菜不同生长期对温度要求有一定差异。发芽期要求较高的温度，20～25℃发芽迅速，出土快，幼芽健壮。8～10℃发芽势很弱。高于40℃发芽率明显下降且虚弱。幼苗期适宜温度为22～25℃，也可适应26～28℃的高温。可忍耐一定的低温，但必须在15℃以上，才能防止苗期通过春化阶段。莲座期在17～22℃的温度范围内，叶片生长迅速强健。温度过高，莲座叶徒长易发生病害；温度过低则生长缓慢，延迟结球。结球期对温度要求严格，适宜温度为12～22℃，白天16～25℃利于光合作用，夜间5～15℃利于养分积累，同时又可抑制已分化的花器生长，使之处于潜伏状态。当夜温度降至-2～-1℃时，应及时收获。休眠期要求0～2℃的低温，低于0℃易发生冻害，高于5℃则增加养分消耗并易引起腐烂。抽薹期以12～18℃为宜，可避免花薹徒长而发根缓慢造成的生长不平衡。开花期和结荚期要求月均温17～22℃，日温低于15℃开花不正常，25～30℃植株迅速衰老，种子不能充分成熟。高温下形成的花蕾易出现畸形，不能结实。

大白菜生长期还要求一定的积温。积温与大白菜的品种、熟性以及原产地的条件十分相关。一般早熟品种为1 200～1 400℃，中熟品种为1 500～1 700℃，晚熟品种为1 800～2 000℃。从温度条件来看，月均温在16±1℃的季节都可进行大白菜栽培。当旬平均温度7℃以上、25℃以下的生长季节达到

70～80天以上的地区，都可进行秋季栽培。

2. 水分　大白菜地上部分的含水量为90%～96%，根部含水约80%。大白菜叶面积大，叶面角质层薄，因此蒸腾量很大。大白菜的蒸腾作用随着生育进程逐渐增强，需水量也表现逐期增加的趋势。发芽期与幼苗期的蒸腾作用不大，根群亦不发达，吸水能力很弱，但由于浅土层的温度变化剧烈，地面蒸发量大，所以要求土壤的相对湿度达到85%～95%，才能防止"芽干"死苗，促进幼苗正常生长。莲座期随莲座叶面积迅速扩大，蒸腾作用随之加强，需水量也大大增加。此期土壤相对湿度要求在75%～85%，以调整大白菜地上部和地下部需水的矛盾。结球期是大白菜需水最多的时期，必须保证土壤有充足的水分，此期要求土壤湿度为85%～94%。在结球后期要节制用水，以免造成叶片提早衰老，降低叶球耐贮藏性及病害发生。

3. 光照

(1) 光照度　大白菜属于要求中等光照度的蔬菜作物。种子在黑暗和光照条件下都可以发芽，并能正常出苗。光照对叶片发育影响很大，在光照充足时，促进叶片宽向生长，叶面积较大；在弱光条件下，叶片发育受阻，促进纵向生长，叶片变小，叶面积较小。莲座期、结球期光合强度最强，只有供应充足的水分和养分，才能促进叶球生长和发育。

(2) 光照时间　大白菜生长发育与日照时数关系密切，对产量影响较大。在大白菜营养生长期内，平均每天日照时数不少于7～8小时，生长良好。一般早熟品种全生长期需500～600小时，中熟品种不应少于650～700小时，晚熟品种需在800小时以上，才能正常生长。尤其在莲座期需要较长的光照时间，若光照不足8小时，会影响莲座叶健壮发育。大白菜属于长日照植物，在较长日照条件下通过光照阶段，进而抽薹、开花、结实，完成世代交替。长日照处理对花芽分化、抽薹、开花、结果等都有促进效果。

（3）光能利用　大白菜是光能利用率最高的蔬菜之一，可达 2.42%。前期迅速扩大叶面积，及早形成较强的光合势，后期有效阻止净同化率降低，是提高大白菜光能利用率的关键。大白菜光合作用受温度、水分和营养的影响，特别是温度条件影响最大，25℃为大白菜光合作用的适温（艾希珍、张振贤，1997）。大白菜不同品种的光合强度有较大差异，这与品种的叶绿素含量有关。深绿品种较能适应低温弱光条件，淡绿品种较能适应高温强光条件。

4. 土壤　大白菜对土壤理化性要求较强。要求地下水位深浅适宜、耕层较厚、土壤肥沃、疏松、保水、保肥、透气的沙壤土、壤土及轻黏土。栽培大白菜最好的土壤是底层有较黏重的土质、上有厚达 50 厘米肥沃、物理性良好的轻壤土，沙黏比为 2～3∶1，空气孔隙度为 21%。大白菜要求土壤酸碱度微酸性到中性，即以 pH6.5～7.0 为宜。土壤肥力与大白菜高产、优质关系密切，肥力高的土壤中有机质含量大于 2% 以上，能提供充分的水分、氧气和营养，土壤微生物活动旺盛，有利于优质高产。

5. 矿质营养　大白菜以营养器官为产品，单位面积产量很高，因此对矿质营养的成分和数量要求很高，不仅要求有充足的氮素，而且还要氮、磷、钾比例平衡。

大白菜对氮素要求最为敏感，氮可以增加叶绿素含量，提高光合作用能力，促进叶片肥厚和叶面积增长，有利于外叶扩大和叶球充实。氮素缺乏时，生长缓慢，颜色变浅，叶球不充实。氮素过多而磷、钾不足时，叶原基分化受到抑制，养分运输和转化缓慢，叶大而薄，结球不紧，风味品质、抗病性及耐藏性都有下降的倾向。而且，开花结实也受到抑制。磷能促进细胞分裂和叶原基分化，促进根系发育，加快叶球形成。特别是氮、磷配比适当可提高大白菜的紧实度和净球率。在生殖生长期施用磷肥可明显增加种子产量。缺磷时，植株矮小，叶片暗绿，结球迟缓。钾能增强大白菜的光合作用，促进叶内有机物质的制造和运转，增加大白菜含糖量，提高糖与氮的比例，加快结球速度。缺钾时，外层叶片边缘枯黄变脆而呈带状干边，严重时向内部叶片发展。大白菜是喜钙作物，钙是大白菜细胞壁的重要成分之一，当不良环境条件造成生理缺钙时，易形成干烧心病害，严重影响大白菜的结球质量。

二、大白菜主要类型和品种

（一）大白菜主要类型

大白菜亚种分为散叶、半结球、花心和结球4个变种。

1. 散叶大白菜　是大白菜的原始类型。叶片披张，顶芽不发达，不形成叶球。适应性广，抗热性和耐寒性较强。主要在山东省中南部至江苏省北部，于春末或夏季栽培。在西北边缘的一季作地区亦有作为秋冬季供应的鲜食或盐渍用蔬菜。如莱芜劈白菜、武威大根白菜等。

2. 半结球大白菜　植株高大直立，有外层顶生叶抱合成球，但球内空虚，球顶完全开放，呈半结球状。耐寒性较强。多分布于东北及河北省北部、山西省北部、西北高寒地区及云南省等地。生长期69～80天。如兴城大锉菜、山西大毛边、黑叶东川白等。

3. 花心大白菜　由半结球变种的顶生叶抱合进一步加强而成。叶球顶端向外翻卷，形成白色或淡黄色的"花心"。植株较矮小，耐热性较强，一般具有早熟性，生长期60～80天。大多分布于长江中下游地区，称为"黄芽菜"。北方多作秋季早熟栽培或春季栽培。如北京翻心黄、济南小白心、许昌据花心等。

4. 结球大白菜　顶芽发达，形成紧实的叶球，顶生叶完全抱合或近于闭合。生长期100天左右，也有60～80天的早、中熟品种。是大白菜亚种中的高级变种，栽培最为普遍。此变种因其起源地及栽培中心地区的气候条件不同而产生3个基本生态型（卵圆型、平头型和直筒型）。

大白菜品种还可按栽培季节分为春型、夏秋型和秋冬型3个季节型。春型品种冬性和耐寒力强，不易抽薹，在二季作地区为春季栽培，多属早熟品种，如小杂55、春夏王等。夏秋型品种耐热和抗病力强，多在夏季至早秋栽培，如夏阳、青夏1号、青夏3号等。秋冬型品种在秋季至初冬大量栽培，供冬季及早春食用，品种甚多，多属结球白菜中的中、晚熟品种。

大白菜还可按叶球结构分为：①叶数型，长度在1厘米以上、球叶数较多（超过60片）、单叶较轻、叶片中肋较薄，主要靠叶片数增加球重。卵圆型品种多属此类。②叶重型，长度在1厘米以上、球叶数目较少（不超过45片）、单叶较重、叶片中肋肥厚。直筒型和部分平头型品种多属此类。③中间型，介于叶数型和叶重型之间，如某些直筒型、叠抱型品种属于此类。

大白菜品种按叶色分为青帮型、白帮型和青白帮型，主要以叶柄的叶绿素含量多少分类。一般来说青帮型品种比白帮型品种的抗逆性强，水分少，干物质含量较多。

此外，微型大白菜（俗称娃娃菜）商品叶球净重仅100～200克，云南省是其主产区。

（二）大白菜常见品种

我国大白菜地方品种很多。高寒地区温差大，生长期短，以直筒类型品种较多；气候温和的低海拔平原地区，温差较小，生长期较长，以直筒包头或矮桩叠抱平头类型居多；沿海地区则以矮桩合抱类型品种最为普遍。

以下是近年来推广面积较大的部分优良品种及地方品种。

1. 沈阳快菜 沈阳市农业科学研究所、沈阳农学院1979年联合育成的一代杂种。帮白色，叶面无毛，外叶较少，叶球抱合，球顶略呈花心型，耐热性强，宜密植。早熟，生育期50～55天，包心快，品质较好。

2. 夏阳 台湾省育成品种。植株直立，外叶少，叶球长球型，坚实，球重800克左右，品质优良。宜密植。早熟，定植后 55～55 天采收。耐热、耐贮运，商品性好，适宜长江流域栽培。

3. 北京小杂 56　北京市农林科学院蔬菜研究中心 1987 年育成的一代杂种。植株整齐，生长快速，叶球高桩，外舒内包，净菜率高，球重 1 000～1 500 克。耐热、耐湿，较抗病毒病，适应性广。早熟，生育期 50～60 天。品质中上，商品性好。适应全国栽培，也可春、秋两季栽培。

4. 早熟 5 号　浙江省农业科学院园艺研究所 1989 年育成的一代杂种。株高 31 厘米，半直立性，开展度 45 厘米。叶球白色，稍叠抱。早熟，生长期 55 天左右。耐热，适应性强，抗病毒病和炭疽病，品质亦佳。

5. 夏丰　又名伏宝。江苏省农业科学院蔬菜研究所 1993 年育成的一代杂种。株高 26.4 厘米，开展度 49.7 厘米。外叶少，叶厚，色深绿。叶球叠抱，白色，品质佳。早熟，耐热，抗霜霉病和病毒病，较抗软腐病。

6. 鲁白 6 号（83-2）　山东省农业科学院 1988 年育成的一代杂种。叶色淡绿，白帮。叶球叠抱，白色，平头倒卵形，净菜率 76%。生育期 65 天左右。耐热，抗三大病害，品质中上。适合全国大多数地区早秋栽培。

7. 翻心黄　北京地方品种。植株较直立，生长势稍强。叶面多皱纹，叶柄白色。叶球长筒形，球顶部略平，心叶外翻，呈浅黄色。叶球基部较细。含纤维较多，品质中等。生长期 70～80 天。耐热，贮藏性较差。抗病性中等。

8. 鲁白 8 号（丰抗 70）　山东省莱州市西由种子公司 1989 年育成的一代杂种。植株生长势强，叶球叠抱，球心闭合，叶球平头倒卵形，净菜率 75%～78%。中熟，生育期 75 天。耐热、耐肥，高抗霜霉病。耐贮。适合长城以南各地种植。

9. 晋菜 3 号　山西省农业科学院蔬菜研究所 1987 年育成的一代杂种。叶球直筒拧心型，外叶深绿，叶柄浅绿色，叶片直立，净菜率高。中熟，生育期 80 天左右。抗病性强，适应性广，丰产，耐运。适合华北、西北和云贵地区种植。

10. 辽白 1 号　辽宁省农业科学院园艺研究所 1985 年育成。叶球长筒形，摺抱。外叶绿，帮色白绿。商品性好，纤维少，耐贮存。中熟，生育期 85 天左右。适应性广，辽宁、吉林、河北及西北地区均可种植。

11. 武白 1 号　武汉市农业科学研究所 1984 年育成的一代杂种。叶宽色绿，卵圆形，帮白绿色。叶球黄绿色，矮桩叠抱，结球坚实。中熟，生育期 80～90 天。抗病性强，品质好，适宜在湘、鄂、川、贵、陕等地种植。

12. 郑杂 2 号　郑州市蔬菜研究所育成的一代杂种。外叶绿色，叶帮绿白，叶球叠抱。抗病性强，生长势强，质优耐贮。中熟，生长期 85 天。适于河南、河北、甘肃、湖北等地种植。

13. 北京新 3 号　北京市农林科学院蔬菜研究中心 1997 年育成的一代杂种。株型半直立，生长势较旺，外叶色较深，叶面稍皱，叶柄绿色，叶球中桩叠抱。结球速度快、紧实。中熟，育期 80～85 天。抗病毒病，耐霜霉病和软腐病，品质好，耐贮存。适宜北京、河北、山东、辽宁、贵州等地种植。

14. 津秋 1 号　天津市蔬菜研究所育成的一代杂种。高桩直筒青麻叶类型。株型直立、紧凑。外叶少，叶色深绿，中肋浅绿，球顶花心，叶纹适中，品质佳。抗霜霉病、软腐病和病毒病。中熟，生育期 78～80 天。适于京、津地区及习惯种植青麻叶的地区栽培。

15. 中熟 5 号　福州市蔬菜科学研究所育成的一代杂种。外叶绿，叶面皱，叶球叠抱，平头。帮白。长势强，抗病性强。中熟，生育期 75 天左右。适于福建、浙江、江西等地种植。

16. 中白 81　中国农业科学院蔬菜花卉研究所 1999 年育成的一代杂种。外叶深绿色，叶球高桩叠抱，结球性好。生育期 85 天。品质好，耐贮藏。抗病毒病、软腐病及黑腐病。适宜北京、河北、西北等地区秋季栽培。

17. 东农 903　东北农业大学育成的一代杂种。叶球直筒形，顶部渐开。外叶少，叶深绿，帮白绿。风味品质优良。高抗病毒病、软腐病，兼抗霜霉病、白斑病。生育期 85 天。适于黑龙江省各地及内蒙古、天津、北京地区栽培。

18. 北京橘红心　北京市农林科学院蔬菜研究中心 1999 年育成的一代杂种。晚熟。植株半直立，株高 37 厘米，开展度 62 厘米。外叶绿色，叶球叠抱，中桩，叶球橘红色，结球紧实，抗病毒病、霜霉病和软腐病。品质优良。

19. 北京 106　北京市农林科学院蔬菜研究中心 1984 年育成的一代杂种。植株生长一致，外叶深绿色，叶片皱瘤多。叶球中桩包头型，品质好，净菜率高。中晚熟，生育期 85～90 天。抗病，耐贮性强，耐瘠薄，包心快。适宜河北省、北京、天津等地种植。

20. 辽阳牛心白　辽宁省辽阳地区农家优良品种。分为大、中、小 3 种类型。大牛心，生育期 90 天；二牛心，生育期 85～90 天，包心紧实，品质较佳，净菜率高；小牛心，生育期 85 天，较抗病，外叶少，包心紧实，净菜率高。

21. 青杂中丰　青岛市农业科学研究所 1982 年育成的一代杂种。莲座叶深绿色，叶柄淡绿色。球叶合抱，叶球呈炮弹形，球顶略舒心。抗霜霉病，对软腐病和病毒病抗性较差。生育期 85～90 天。

22. 城青 2 号　浙江省农业科学院园艺研究所育成的一代杂种。叶球矮桩、叠抱，结球紧实，球叶淡绿色。抗病毒病、霜霉病，易感黑腐病。生长期 100 天。

23. 黑叶东川白　云南省昆明市地方品种。植株高大，外叶黑绿色，微皱，心叶黄色花心。肉质脆，味甜，品质中等。抗逆性强，较耐旱，抽薹迟。生长期 100～120 天。

此外，还有北京地方品种小青口、抱头青；天津地方品种青麻叶核桃纹；河北玉田二包尖；山东烟台福山包头；山东胶县大白菜等。微型大白菜品种有春月黄、京春娃娃菜等。

三、大白菜栽培季节和栽培方式

大白菜要求温和的气候条件，结球大白菜尤为严格，因此各地栽培多安排在秋凉季节，其次是春季栽培。根据市场需求，选用不同熟性的品种，并采用相应的配套技术和栽培方式，可适当提早或延后排开播种，提前或延后上市。

（一）秋季或秋冬季栽培

北方是大白菜主要产区，以秋季栽培为主，经收获贮藏后供冬春季食用。在夏末秋初栽培早熟的花心或结球白菜供秋末冬初食用。在长江流域以南地区，以秋冬季栽培为正季栽培，一般于晚秋播种，初冬上市。

秋季或秋冬季栽培的大白菜主要生长期都在月均温 5～22℃期间。为了争取较长的生长期以达到增产的目的，可适期提早播种或育苗，在霜冻前收获。在东北北部、内蒙古、新疆及青藏高寒地区等一季作区，于春季休闲翻晒土地，6～7 月直播，或在春季只栽培生长期短的绿叶菜类和小萝卜等速生类蔬菜，然后再种植大白菜。在华北、黄淮流域等一年两季作地区，春夏季栽培瓜、果、豆类等蔬菜，秋季栽培大白菜。也有的以冬小麦、春玉米、麻类作物为前作，后作种大白菜。一年三季作地区则以生长期短的绿叶菜类为第一作，瓜、果、豆类等为第二作，大白菜为第三作。长江流域及其以南地区，秋播较迟，收获也较晚。长江中下游地区大白菜在 8 月中下旬播种，12 月上旬收获。杭州地区 9 月上旬播种，12 月起开始收获，一直延续至 3 月。成都地区大白菜可田间越冬。福建省在水稻收获后播种，翌年 1 月中旬收获。华南地区在 9～11 月随时播种，待叶球成熟后随时收获。

大白菜不宜连作或与其他十字花科作物轮作。以大葱、大蒜、洋葱等蔬菜为前作，前作根系的分泌物对土壤有杀菌作用，可减轻大白菜病害发生。南方地区大白菜与水稻轮作，在水稻收获后排干田水，栽培大白菜，此法可减轻病虫危害，保持底墒，有利于大白菜生产。

大白菜因莲座叶发达，一般不与其他作物间套作。但有些地区采取合理的间种、套种方式也取得良好效果。如将大白菜种在韭菜埂上或大葱垄间，病害较轻；以冬小麦为后作时，于大白菜生长后期套种小麦，虽然小麦出苗后生长较差，但因大白菜施肥浇水多，麦苗在冬前仍可良好生长。

(二) 春季和春夏季栽培

春季大白菜栽培遇到的气候条件与秋季相反，前期低温、光弱易引起未熟抽薹，后期高温、雨多易造成裂球、烂球或结球松软，因此春季栽培大白菜需要特殊的配套技术。主要措施包括：选用早熟、耐抽薹的品种，使其在高温季节前商品球成熟；为有足够的生长期，避免早期低温，防治过早完成春化，可采用温室或塑料棚育苗，较露地直播提前 25～30 天播种，育苗温度不低于 15℃，移栽大田时夜温不低于 8～10℃；定植前施用充足的基肥，及时灌溉，迅速形成莲座叶和叶球，使营养生长器官的生长速度超过花薹的生长速度，形成较紧实的叶球。

春夏季大白菜栽培可满足消费者夏季和早秋对大白菜的均衡需求，对丰富蔬菜市场供应有一定的意义。夏季和早秋，大白菜生长期内正值炎热多雨天气，病虫危害严重，对大白菜生长十分不利，要选择抗病、耐热、早熟的优良品种，适时播种，培育壮苗，利用遮阳网、防虫网等设施，防雨防虫；定植时幼苗不宜过大，防止伤根，合理密植。在栽培期间，既要防止雨水淹苗，及时排水，又要保持畦面湿润，小水勤浇；及早追肥，促进尽早结球。有条件地区也可利用高海拔冷凉地栽培，以满足 8～9 月市场需求。

(三) 越冬栽培

在云南、贵州、四川省和福建、广东、广西南部及海南省，均有 10～11 月播种或育苗，翌年 3～4 月份采收上市的越冬茬大白菜栽培。这些地区的高山或高原地方，需注意选用冬性强的品种，如黄点心 2 号、优质 1 号、连江白等，并采用地膜覆盖，以提高产量和品质。

四、大白菜设施高效栽培技术

（一）秋季大白菜栽培技术

1. 茬口安排与播种方式　为防止大白菜连作障害及病虫害发生，有条件的地区应实行 3～4 年的轮作制度。但由于土地面积小、复种指数高，而大白菜需求量高、种植面积大，因此在实际生产中实行轮作是困难的。

秋播大白菜，可采取直播或育苗移栽方式。

直播的优点是在大白菜生长过程中不移栽伤根，没有缓苗期；比育苗移栽可适当晚播，又没有过多的机械伤害，所以病害较轻，而且便于机械化操作。缺点是播期严格，前茬必须及时腾地，用工量集中；幼苗期占地面积大，易与夏淡季蔬菜供应发生矛盾。

移栽大白菜的优点是苗期占地少，管理集中，可为前茬作物延长市场供应提供条件；在夏管秋种的繁忙季节中，有利于调节劳力；尤其在自然灾害易发的地区，可在育苗畦播种，采用人工防护措施保苗，避开风险期后再移栽到大田，从而保证了大白菜所必要的生长日期。

2. 整地、作畦、施底肥

（1）整地　前茬作物收获后要及时灭茬，将残枝败叶、根系及杂草及时清除，并将其集中堆（沤）制，同时，对前茬残留的破碎地膜、施肥时带入的转头瓦块等杂物清理出地。

耕地要及时、细致。高寒地区冬季休闲，夏季播种前再精细耕耙一次。如冬前不深耕、施基肥，春季必须栽培收获较早的作物，以便在栽培白菜前有充足时间深耙和曝晒土壤。在二季作、三季作地区，除冬前深耕外，在大白菜播种或定植前需抓紧时间耕地，耕地深度为 20 厘米左右，耕后晒垡，促进土壤熟化、消灭病菌虫卵。待大白菜播种前再耕耙一次，要求土壤细碎，地面平整。多雨年份要防止因深耕积水、延误播种期。平整土地时要注意灌水与排水渠道设置，以达到旱能浇、涝能排。

（2）作畦　大白菜常见的育苗畦有平畦、高垄、高畦及改良小高畦等多种。长江流域以北地区多采用高垄或平畦，以南地区多用高畦。

平畦的宽度依种植要求而定，大、中型品种的畦宽等于大白菜 2 行的行距，小型品种畦宽等于 3 行的行距，长度 6～9 厘米。这种畦多在地下水位深、土壤沙性强、雨水少以及盐碱较重的土壤采用。

高垄是在平整地后，根据预定大白菜要求的行距起垄，可用人工或机械进行，一般垄高 10～20 厘米，垄背宽 18～25 厘米，培好垄后应使垄背平、土细碎，以利播种。垄作的优点：培垄使活土层加厚，土壤通透性良好，促进根系发育；在大白菜苗期干旱时利于灌水，涝时利于排水，后期浇水量大，可充分满足结球的需要；下雨或浇水后土壤表层易干燥，湿度小，能有效减轻霜霉病、软腐病发生。其缺点是：前茬作物需早腾茬，降低了土地利用率；播种后如遇暴雨易于冲刷垄体，发生冲籽毁苗现象；用种量高，苗期管理费工较多；土壤蒸发量大，浇水次数增多；沙质土壤上不宜使用。

高畦是长江以南地区主要采取的方式，畦宽 1.2～1.7 米，种 2～3 行大白菜，畦长 6～9 米。有较强的排水系统，由厢沟、腰沟及围沟组成。一般可做到两畦一深沟或一畦一深沟。

（3）施足基肥　大白菜根系分布较浅，生长量大，生长速度快，需肥效持久的厩肥、堆肥作基肥。据北京市对大白菜丰产田块调查，要获得 15 万千克/公顷的毛菜，每公顷需施用有机肥6 万～9 万千克。除施用有机肥外，也可有机肥与化肥混合作底肥。用过磷酸钙作基肥时，宜与厩肥一起堆制后施入，每公顷375～450千克。

施用基肥的方法有铺施、条施和穴施。在有条件的地区可将铺施、条施和穴施相结合，施2次基肥，更有利于大白菜高产。

3. 播种

（1）确定播种期　适期播种是秋季大白菜优质、高产、稳产的关键措施之一。我国大白菜的适宜播种期自北向南从7月依次延续到9月，由于受气候条件限制，越是向北播期要求越严格。提早播种，可以延长大白菜的生长期，但易于早衰和发病，影响产量、品质和贮藏性能。晚播种，虽然发病率低，但产量降低，且包心不良。在适宜的播种期后，每延迟一天播种减产3%左右。所以，秋季大白菜只能在适期内播种，才能达到预期效果。

一个地区的适宜播种期的确定是根据科学实验与栽培经验相结合的方法制定出来的。例如北京市大白菜的适宜播期是通过对31个年份高产地块的调查分析，明确了播种期与高产的密切关系，并进一步分析了适播期的变化情况，以及与品种和气象条件的关系，同时又总结了多次不同播种期试验结果，明确了各种播期对大白菜生态与生理的影响，从而将群众的经验上升到科学的认识，并将这些认识在生产中进行了验证。北京市大白菜的适宜播期为8月3～9日，最佳播期4～7日。

（2）保证全苗　在确定选用的优良品种后，要选用籽粒饱满、成熟度高、发芽率高、发芽势强的种子，有利于田间成苗。种子千粒重应达2.5～3.0克，低于2克以下者不宜在生产中使用。一级良种的发芽率不低于98%，三级良种不低于94%。播前种子处理的方法：①将种子晾晒2～3天，每天3～4小时，晒后放于阴凉处散热。②温汤浸种，先将种子放于冷水中浸泡10分钟，再放于50～54℃的温水中浸种30分钟，然后捞出，放于通风处晾干后待播。③药物拌种，用种子重量0.3%～0.4%的福美双或瑞毒霉等药剂拌种。

直播方法有条播和穴播。条播是按预定的行距或在垄面中央划 0.6～1 厘米深的浅沟，将种子均匀播在沟内，然后用细土盖平浅沟，踩实。穴播是按行株距划短浅沟播种，先作长 10～15 厘米、宽 4～5 厘米的浅沟，或直径 15～20 厘米的浅穴，深度均 1～1.5 厘米，将 15～20 粒种子播于穴内，然后覆土，踩实。如底墒不足，也可先于穴内浇水，待水渗后播种。条播播种量每公顷 2 250～3 000 克，穴播 1 500～2 250 克。使用大白菜起垄播种机，可一次播 4 行，同时完成起垄、播前镇压、开沟、播种、覆土和播后镇压等项工序。此法开沟距离准确，播种均匀，深浅一致，出苗整齐。每公顷仅用种 1 500 克。

如采用育苗方法，则苗床应选择地势高燥、排灌方便、土壤肥沃的田块，并靠近移植大田。苗床宽 1.0～1.5 米。每栽 1 公顷大白菜需苗床面积 450～525 米^2。作畦时需足量施肥，每 35 米^2 的苗床施用充分腐熟有机肥 50～75 千克、硫酸铵 1～1.5 千克、过磷酸钙及硫酸钾 0.5～1 千克或草木灰 3～5 千克。上述肥料撒于床面后，翻耕 15～18 厘米，肥土混匀后再耙平耙细。也可采用营养土方、营养钵或穴盘育苗。

育苗的播种期一般比直播的早 3～5 天。每 35 米^2 苗床用种子 100～125 克。

底墒充足、天气较好时出苗期可不浇水。如遇高温干旱，仍需在发芽期内小水勤浇或喷水灌溉。特别是采用高垄播种的地区，为降低地表温度和保持土壤湿度，一般情况下都应在播后连续浇水，以保证出苗整齐，并克服地表高温对幼苗造成的危害。

4. 育苗 大白菜从播种至苗期结束约 20～25 天，占全生育期的 1/4。大白菜苗期的相对生长量最高，栽培管理的水平对幼苗质量影响很大。而且，每年温度、降水、光照等主要气象因子常常发生变化，给幼苗生长发育带来正、负面影响。大白菜病虫害防治以苗期最为关键。苗期管理的总目标是要达到苗全、苗齐、苗壮。壮苗标准是幼苗期结束时展开 8～10 片真叶，叶面积大而厚，达到 700 厘米² 以上，同时没有病毒病与霜霉病为害。幼苗出土后 3 天，进行第一次间苗，3～4 片真叶时进行第二次间苗，防止幼苗徒长。幼苗宜在团棵前移栽，晚熟品种宜在 5～6 片叶时定植。

5. 苗期管理　苗期管理要注重浇水，特别是北方地区极为重要。由北京市总结，在华北、西北等地广泛推广的"三水齐苗，五水定苗"的经验仍然适用。它强调了苗期浇水的重要性，同时也是为解决大面积裸露地面降低地表温度的一种重要措施。在大白菜播种 3～4 天出苗后要及时查苗补苗，防止缺苗断垄现象发生。补苗宜早不宜迟，苗宜小不宜大。为严格筛选健壮幼苗，应采用二次间苗、一次定苗的方法。拉十字期间第一次，留苗距离 6～10 厘米，断条播或穴播的可留苗 5～7 株。当幼苗长到 4～5 片叶时，间第二次苗，留苗距离 12～15 厘米，断条播或穴播留苗 2～3 株。苗期结束进行定苗，按株距要求选留 1 株符合该品种特性并达到壮苗标准的幼苗。间苗后要及时浇水，在适耕期内中耕除草，特别是第二次间苗后的中耕，要求浅榜垄背，深榜沟底，同时修补被损坏的垄背。为减轻劳动强度，也可采用国家认可的除草剂除草。苗期还要注意病虫害防治。

大白菜田间整齐度是影响大面积获取高产、优质产品的重要因素，在幼苗期由于各种条件而造成的大小株不齐的现象，决定着收获期各个单株的差异，从而造成了群体产量高低与质量的优劣，所以必须通过苗期各项管理措施，达到苗全、苗齐、苗壮，为下一阶段生长发育打下良好的基础。

6. 密度　大白菜的合理密度应具备 3 个特征：①在莲座末期至结球初期时可封严地面，充分利用了营养面积所提供的空间条件；②单株商品质量应达到一、二级商品出售标准；③在减少 3%～5% 株数的情况下，群体产量仍能达到当地的高产稳产指标。

7. 施肥　大白菜要掌握分期施肥和重点追肥相结合的原则，即根据大白菜生长阶段、吸肥量高低，选择适宜的时期，将所需肥料分期施入。重点施肥是将大部分肥料于大白菜生长最需要又能发挥最大肥效的时候施用。种肥是在播种时与种子一起施于土中，每公顷施用硫酸铵75～105千克（或折合同量氮素的其他化肥，下同），当幼苗展开2～3片叶时，可在幼苗旁施入提苗肥，用量75～120千克/公顷。进入莲座期后应施用发棵肥，一般每公顷施腐熟有机肥7 500～15 000千克或硫酸铵、磷酸二铵150～225千克，同时施用草木灰750～1 500千克或含磷、钾的化肥105～150千克，使三要素平衡，以防徒长。此次肥应在距苗15～20厘米处开沟或挖穴后施入，施肥后应随即浇水。结球期是需肥量最大的时期，在结球前5～6天施用结球肥，每公顷施入腐熟优质有机肥15 000～22 500千克或硫酸铵225～375千克，草木灰750～1 500千克或过磷酸钙及硫酸钾各150～225千克。中、晚熟品种在结球中期还应施灌心肥，每公顷可施腐熟的液体有机肥7 500～15 000千克或硫酸铵150～225千克，可将肥料溶于水中顺水浇入。

8. 灌溉与排水　浇水应根据大白菜生长发育对水分需要进行。从苗期、莲座期至结球期是从少到多逐步增加。北方大部分地区浇水次数与用量基本按"多—少—多"的规律进行。

灌溉受雨量、土质、品种、生育期及栽培方式不同而不同。在生产中应根据不同地区、不同月份的降水量来确定灌溉次数与灌溉量。较黏重的土壤比沙性土壤的灌溉次数和灌溉量为少，早熟品种较晚熟品种少。大白菜苗期需浇水降低地温、防止病害，所以苗期浇水量多；结球期生长量最大，需水量亦最多。垄栽的蒸发面较大，需要多次灌溉，而平畦栽培则较少。

大白菜灌溉方法有地下灌溉（或称渗透灌溉）和地表灌溉。目前大多采用地表灌溉，具体方法有沟灌或垄灌、畦灌、滴灌及喷灌等。在发芽期作物吸收水分不多，但根系较小，水分必须供应充足。特别是在高温干旱时更需浇水降温。在幼苗期也要保证有足够的水分，拉十字期及团棵以前都需浇小水，防止土壤龟裂或板结，保护根系发育。莲座期对水分吸收量增加，但为调节地上部与地下部的矛盾，促进根系及叶片健壮发育，采用中耕保墒等措施，在不造成水分供应不足的条件下适当减少灌溉次数。特别是遇连续阴雨的年份，在此期要适当蹲苗，控制浇水数量。结球期需大量浇水，6～8天浇水一次，保持土壤湿润和大白菜对水分的需求。在大白菜收获前8～10天停止浇水，以增强大白菜的耐贮运性。

大白菜灌溉要与追肥结合进行。在灌溉时，不仅要注意浇水量大小，还要注意浇水质量，做到浇水均匀而又不大水漫灌，切勿冲伤根系。

大白菜的水分管理还应注意排水。当田间水分过多，地面长期积水，根系呼吸会受到严重影响，甚至造成湿、涝灾害。湿害是在水涝后土壤耕层排水不良而造成的水分饱和状态，使根系发育不良，吸收肥、水能力减弱，叶片瘦弱而徒长，对产量影响很大，严重时植株因缺氧而窒息死亡。所以，要建立田间排水系统，干沟、支沟、毛沟排水通畅。在雨水多的南方干沟应大一些，支沟、毛沟适当密些。

9. 束叶 束叶又称捆菜、扎菜。它是在大白菜结球后期，初霜到来之前，用稻草、白薯藤等物将大白菜外叶拢起，捆扎在叶球2/3处。一般在收获前10～15天进行。束叶有利于防止霜冻对叶球的危害，软化外层球叶，提高品质。束叶后太阳可射入行间，增加地表温度，有利于大白菜后期根系的活动，也有利于套种小麦、油菜等越冬作物的农事操作，便于收获、运输，减少收获时对叶球的机械损伤。束叶的缺点是，束叶后不利于叶片的光合作用和营养的累积和运转，不利于叶球充实，所以，在能够及时收获而又不兴间作的大白菜地，也可不行束叶。

(二)春大白菜防止先期抽薹栽培技术

春季栽培历经春夏之交，日均温10～22℃的温和季节很短。早春气温偏低，不利于发芽出苗而有利于通过春化，当后期遇到较高的温度和较长的日照时，又易提早抽薹开花，不易结球，失去商品价值。同时，在大白菜结球期正值高温多雨季节，很易发生病虫害和烂球，从而导致春季大白菜栽培失败。值得注意的是，大白菜在通过了春化和花芽分化之后，也不一定全部都会抽出花薹，如果采取适当措施，使花薹的长度缩短，或不抽薹，则会有一定的经济效益。

1. 导致先期抽薹的原因

（1）品种的冬性太弱，春化临界温度高 大白菜属于种子春化感应型，即在种子萌动时就可以感受低温条件而通过春化过程。研究结果表明，大白菜春化过程对温度要求不很严格，一般在温度低于10℃以下时，10～20天即可完成；在10～15℃的温度下，也能在一定的时间完成春化。低温的影响可以累积，并不要求连续低温。大白菜不同品种对温度的适应性也有所不同，所以耐抽薹的能力各异。

（2）播期过早 播种过早，苗龄长，苗期又处于长时间的低温条件，极易通过春化阶段而抽薹，特别在遇到持续低温和寒流多次侵袭的年份，更不能播种过早。实践证明，春大白菜栽培中，温度管理的极限是不得低于13℃，若低于13℃，易导致抽薹现象。因此，结合当年早春气候状况，正确选择播期和上市时间，是春大白菜栽培中不可忽视的因素。

（3）栽培管理不当 在栽培过程中，没有创造与之适应的生长发育条件而导致抽薹。如有的菜农为了早定植、早上市，很早就播种育成大苗，然后定植于露地，其实在大苗的生长时间内就已通过春化，定植露地再遇到寒流，刚一见球，薹就抽出来了；有的菜农在育苗期，对苗床经常通风，结果使小苗通过了不完全春化，定植到大田后水肥又跟不上，结果形成球内包薹，严重影响了商品性；有的菜农不进行育苗，而是直接播种，播种时即使上面覆盖地膜，小苗出土后也极易遇到低温通过春化，造成抽薹或球内包薹。

2. 防止先期抽薹栽培技术措施

（1）选择适宜春播的品种 春季适宜大白菜生长的日数要比秋季短，应选择生育期短（一般70天左右）、冬性强、抗抽薹、产量高的品种，如北京小杂55、春夏王、强势、春大将、顶上、鲁春白1号、春冠、京春白、胶春王、强者、金春1号和金春2号等。

（2）采用保护地营养钵育苗移栽 春大白菜播种过早，温度低，易通过春化；播种过晚，夏季温度高，难以形成优质叶球。适宜播种在温室、温床或防寒设施良好的阳畦内，采用营养钵育苗，苗龄25～40天，待天气转暖、夜间温度不低于10℃、5厘米地温稳定在13℃以上定植于大棚或拱棚。避免低于13℃以下的温度出现，这样就可以提早播种而延长白菜的生长期。具体播种时间可根据上市时间进行决定，如"五一"节前上市，可在2月下旬播种；"五一"节后陆续上市，可在3月上中旬播种；6月上旬上市，可在3月下旬至4月上旬播种。

（3）加强栽培管理 定植后，棚内一般不通风或少通风，以利于增加棚内温度，加快缓苗。随着气温逐渐升高，要通风。通风量应由小到大，白菜生长到结球初期应及时揭掉薄膜，降低气温，促进结球。春大白菜生长期较短，株型紧凑，可适当密植。栽培中，一般不蹲苗，应肥水齐攻，一促到底。要促进营养生长，抑制未熟抽薹，这就要求土壤肥沃、多施速效性基肥和追肥以促进营养生长，生育前期要保证营养条件良好，以加速其生长，抑制发育，从而使其在花芽分化前就形成更多的叶片。一般于幼苗期和定植后，每亩①施尿素10～15千克，使迅速形成莲座和叶球。莲座期以后随着气温升高，酌情增加浇水，保持土壤湿润，莲座期干旱会影响莲座叶生长和球叶分化，而有利花芽分化，结球期气温高，日照长有利花薹生长。因此，必须使营养生

─────────────

① 亩为我国非法定使用计量单位，15亩＝1公顷。──编者注

长速度超过花薹生长，应在莲座期施"发棵肥"，促进莲座叶和根系生长，结球前期、中期各施一次速效性化肥，一般每亩施尿素 15～20 千克，浇水要掌握见湿见干，不能浇水过多，以免高温高湿引起软腐病。

（4）及时采收上市　春大白菜成熟后应及时收获上市，收获期不宜拖延太长，以防因后期高温引起叶球腐烂或裂球。

（三）越夏大白菜高效栽培技术

夏、秋季节，正值蔬菜供应淡季，此期蔬菜短缺，市场供应缺乏，越夏大白菜生长期短，能在短时期内上市，缓和夏秋季叶类菜短缺，增加"秋淡"期蔬菜供应，效益颇高。因为越夏大白菜发芽期、幼苗期处于炎热的夏季，此期高温多雨、日照长、病虫害发生严重，所以在种植夏大白菜时一定要选准品种、采取适当的管理措施。

1. 保护设施　由于夏季高温多雨，蔬菜易得病毒病，遮阳避雨是关键。一是利用旧膜尚未揭除的大棚或拱棚，在棚膜上加盖一层透光率 60%～70% 的遮阳网，可明显降低棚内温度和地温。二是加防虫网，阻止蚜虫、灰飞虱进入大棚，传播病毒病。种植前可在大棚南边或拱棚四周加封 60～70 目的防虫网，既不影响透风，又能安全隔绝传播媒介进入棚内。还应对棚膜进行检查及时修补，以防雨水进入棚内引发病毒病。

2. 品种选择　选用早熟、生长迅速、生长期短、耐热、耐涝、抗病及结球紧实的大白菜品种，如早熟 5 号、小杂 56、夏阳、明月、伏宝、夏丰、夏白 45 及夏白 50 等。

3. 培育壮苗

（1）育苗方式　6 月至 7 月初采用防雨膜、遮阳网双层覆盖，进行营养钵育苗，即搭 1.5 米高的拱棚架，将 0.06 毫米厚的薄膜固定在拱棚架上，两侧离地面 60～70 厘米，以利于通风和降温、降湿，同时在薄膜上覆盖遮光率 50% 的黑色塑料网作为遮阳网。

（2）种子处理　播前将种子放在阳光下晒 2～3 小时后用浓度为 1％的高锰酸钾溶液浸种 15 分钟，再用清水浸种 3～4 小时，洗净晾干表面水分后播种。可有效防止大白菜软腐病发生。

（3）营养土配制　营养土用前茬未种过十字花科作物的土壤和腐熟的有机肥，以 3：1（体积）比例混合，过筛后配制，每立方米营养土中加入硫酸铵与三元复合肥（1：1）的混合肥 2 千克，与 50％多菌灵可湿性粉剂 40～50 克充分拌匀。

（4）播种育苗　采用穴盘育苗，穴盘装土后整齐排放于苗床上，播种前先浇透水，每穴放 1 粒种子，播后覆盖 0.5 厘米厚细营养土，盖上遮阳网。出苗后及时揭去遮阳网，增加光照，防止徒长，促进壮苗。做好苗期病虫害防治。整个苗期以降温、排湿为主，遮阳网于 10～16 时及雨前遮盖，早晚及阴天揭开。苗期以见干见湿为主，移栽前一周要控制浇水，进行炼苗，从而达到培育壮苗的目的。

4. 整地施肥　栽培越夏大白菜应选择地势高燥、易排水、不积涝的地块，以保水保肥性能良好的壤土、沙壤土为佳。夏大白菜对水肥需求量大，但不耐涝，生产上应采取重施基肥、高垄种植的方式。每亩施腐熟有机肥 3 000 千克、复合肥 50 千克、硝酸铵 30 千克、氯化钾 15 千克、硫酸锌 8 千克，耕耙起垄，垄面平整、不积水，开挖好排水沟，确保旱能灌、涝能排。

5. 适时移栽　苗龄 20 天（真叶 6～7 片）左右时，可在 8 月中下旬定植，此时气温高且多雨，生长期短，一般采用高垄单行栽培，株行距 40 厘米×45 厘米。采用高垄栽培，在浇水后土壤表层易干燥，增进了土壤空气流通，既利于提前包心，还可预防软腐病发生。

6. 肥水管理　定植后每天傍晚连续浇 3～4 天缓苗水，以后每隔 7～10 天浇水一次，尽量采用隔沟轮流浇水的方法，不宜大水漫灌，降雨时或雨后应及时排水，以防田间积水，造成烂根。栽后 18～20 天长齐封垄，此时要以促为主，一般在莲座末期至结球初期亩施尿素 20 千克。肥料要施在垄两侧，适当培土护垄，并及时浇水，确保垄面见湿不见干为宜，在大白菜收获前 5～7 天应停止浇水。

7. 采收　根据市场需求，越夏大白菜不必待叶球充分长成后才采收，一般 5～6 成包心即可收获上市。采收过迟，经济效益降低，而且由于天气炎热，遭受病虫危害的机会增多，腐烂风险加大。具体采收时间应根据市场行情和具体情况而定，争取在大白菜价格高时采收上市，以便取得较大的经济效益。远销的越夏大白菜收后去根，去几片大莲座叶即可装车。车上放几块人造冰块，覆篷布。运输中保持 0～5℃ 的温度，可在 1～2 日内不致腐烂损失。

（四）苗用大白菜高效栽培技术

苗用大白菜是将大白菜幼苗作为上市蔬菜品种的白菜苗。具有独特的风味，可做汤、做馅、炒食，且生长时间短，播种时间范围广，产品价格高，1～4 元/千克，经济效益好。市场销量逐年上升，供销两旺。

1. 苗用大白菜主要品种　苗用大白菜品种以选择色浅、叶面无毛或少毛的早熟类型为主。目前市场上推广的品种主要有小杂 56、新早 89-8、郑早 60、早熟 5 号、台湾四季小白菜、台湾金黄小白菜等，主要特点是生长速度快，叶色浅，叶面无毛或少毛。可作为苗用大白菜的品种主要特征特性如下：

小杂 56：外叶浅绿，叶面有毛。早熟，耐热，耐抽薹。

新早 89-8：外叶浅绿，叶面少毛。早熟。

郑早 60：外叶浅绿，叶面茸毛极少，叶面光亮，叶片较厚。早熟，耐热，耐抽薹。

早熟 5 号：外叶浅绿，叶面无茸毛，叶片较厚。早熟，耐热，耐抽薹。

台湾四季小白菜：外叶浅绿，叶面无茸毛。早熟，耐热。

台湾金黄小白菜：外叶浅绿，叶面无茸毛。早熟，耐热。

北京小白菜：叶色深绿，叶面光滑无毛，叶色光亮，食用品质好。

2. 苗用白菜栽培季节 苗用白菜栽培一年四季均可播种，以 5～9 月上市效益较好。

3. 播种方法及用种量 播种方法有畦播和垄播两种。畦播，作成 1.5 米宽畦，畦长 10 米左右，利于管理；施肥后深翻，每畦施有机肥 20 千克、磷酸二铵 0.75 千克，整平浇水，水渗后均匀撒播种子，覆 0.5～1 厘米厚细土；每畦播种量 15～20 克。垄播，每 0.6 米宽作一个垄，作垄前亩施腐熟有机肥 2 000～4 000千克、磷酸二铵 50 千克，深翻，整平，起垄，在垄背撒上种子，略微踩实后浇水。亩播种量 400～500 克。

4. 田间管理 白菜苗田间管理包括浇水、施肥、间苗、除草。

白菜苗根系浅，需水量大，田间要经常保持湿润，暴雨后应及时排水。白菜苗生长时间短，平均一个月左右，施足基肥后，一般追施一次尿素（15～20 千克/亩）即可。间苗在 2 叶 1 心时进行，苗间距 3～5 厘米。除草结合间苗进行。

5. 病虫防治 白菜苗生长时间短，一般病害较少，虫害主要有蚜虫、菜青虫、小菜蛾。喷施高效低毒的菊酯类农药或昆虫脱皮剂类生物农药防治即可。防治蚜虫的药剂有：10% 吡虫啉可湿性粉剂 2 000 倍液、乐果乳油 800～1 000 倍；防治菜青虫可用强棒、功夫乳油 2 000 倍、Bt 乳剂 400 倍；防治小菜蛾可用 5%锐劲特悬浮剂 2 500 倍或 2.5%菜喜悬浮剂 2 000 倍液、1.8%害灭极乳油 2 000 倍，防治效果均较好；1.8%阿维菌素乳油 4 000倍液可兼治菜青虫和小菜蛾。

（五）娃娃菜高效栽培技术

娃娃菜是一种风味独特、优质爽口的袖珍型小株大白菜，是近几年从国外引进的一种新品种。一般生育期 45～55 天，生长适宜温度 5～25℃，低于 5℃则易受冻害，使抱球松散或无法抱球；高于 25℃ 则易染病毒病。

娃娃菜帮薄、甜嫩，味道鲜美，很受人们喜爱。种植娃娃菜一般亩收入 5 000 元以上，是一种生产周期短、见效快、经济效益较好的蔬菜新品种。近年来，已受到广大菜农的青睐，成为农民增收的一个优良品种，种植面积逐年增加。

1. 品种选择　可选用商品性状优良、抗病性强，且整齐度好、适于密植、熟期短的高产品种。现在市场上的娃娃菜以国外品种居多，如韩国引进的高丽贝贝、高丽金娃娃等。高丽贝贝是一种小株型袖珍白菜，全生育期 55 天左右，开展度小，外叶少，株型直立，结球紧密，适宜密植，球高 20 厘米左右，直径 8～9 厘米，品质优良，高产，帮薄甜嫩，味道鲜美，风味独特，抗逆性较强，耐抽薹，适应性强。高丽金娃娃为黄心娃娃菜，极早熟，耐抽薹，抱球早，抱球紧实，株型小，外叶绿，球形美观，整齐度好，生长期 43～48 天，比现有春白菜能提前 10 天上市。

2. 整地作畦　娃娃菜因地上部分较少，根系比一般白菜小。应选择透气性好、耕层深、土壤肥力高、排灌方便的沙壤土种植，pH6.5～7.5 为宜。因生育期较短，要注重基肥的使用，每亩施腐熟栏肥 2 000～3 000 千克、复合肥 40～50 千克和过磷酸钙 20～30 千克做底肥，深翻耙平。可垄作，也可畦作。春秋两季宜畦作，省工省时；夏季宜垄作，利于排水，畦宽 1.0～1.2 米。

3. 播种定植　在有保护设施的情况下，娃娃菜可全年排开播种。但春天要防止提前抽薹，夏季应注意病毒病发生。可直播，也可育苗移栽。在气候较为适宜的春秋两季，可穴盘育苗，亩用种量 50～100 克。育苗移栽的一般在 3 叶 1 心时进行，株行距 25 厘米×25 厘米，每亩栽 8 000～10 000 株。

4. 田间管理　定植后 2 周，要及时间苗、定苗和补苗。结合间苗、定苗，进行中耕、除草，可疏松土壤，增进土壤透气性，促进幼苗扎根。生长期间应及时清除老叶、病叶，增加通风量，减少病害发生。

娃娃菜整个生长期要保持土壤湿润，但不要积水。早春浇水过多，易致病害发生。莲座期水分也不能过多，否则植株易徒长、结球期延迟，感染病害。结球后应保持土壤湿润，表土不干，收获前 7～10 天停止浇水。

5. 病虫害防治

（1）病害　苗期病害主要有猝倒病和立枯病，可用 72.2%普力克 400～600 倍稀释液或 64%杀毒矾 500 倍稀释液喷洒，整个苗期喷洒 2～3 次。

生长期主要有霜霉病、软腐病和病毒病等。霜霉病用 72%克露 600～700 倍稀释液防治。软腐病用 72%农用硫酸链霉素 3 000倍稀释液防治。病毒病用 20%盐酸吗啉胍·铜 500 倍稀释液防治，7～10 天用一次，连用 3 次。

（2）虫害　主要虫害有蚜虫、菜螟、跳甲、菜青虫、小菜蛾等。菜螟、菜青虫、小菜蛾可用苏云金杆菌 300～800 倍稀释液防治，跳甲用 2.5%敌杀死 6 000 倍稀释液防治，蚜虫用 800 倍液抗蚜威防治。

6. 采收　娃娃菜接近成熟时就应及时采收，叶球过大或过于紧实降低商品价值。当株高 30～35 厘米、包球紧实后，便可采收。采收时应全株拔掉，去除多余外叶，削平基部，用保鲜膜打包后即可上市。

（六）大白菜高效施肥技术

大白菜属喜肥耐肥蔬菜，如不注意养分供应，很容易因营养失调而导致产量降低、品质变差。因此，根据其营养特点进行合理施肥，才能获得优质高产。

1. 营养特性　大白菜含有丰富的营养成分，每 100 克食用部分含蛋白质 0.8～1.7 克、碳水化合物 1.5～3.2 克，还含有较高的矿物质和维生素，是人类矿物质和维生素的良好来源。大白菜产量较高，每公顷产量高达 15 万多千克。形成这样高的生物产量，需要充足的营养物质做保证。据测定，每生产 1 000 千克大白菜需氮（N）1.8～2.6 千克，磷（P_2O_5）0.9～1.1 千克，钾（K_2O）3.2～3.7 千克，其比例约为 1：0.45：1.57，钾的需要量明显高于氮和磷。氮、磷、钾的需要量在不同生育期差异明显，且前期吸收少、后期剧增，即幼苗对氮、磷、钾的吸收占全生育期的吸收量很低，莲座期吸收量急剧上升，结球期达到峰值。

据北京市海淀区农业科学研究所 1983 年对大白菜的施肥试验探明，大白菜生物增长量与吸收氮、磷、钾量增长趋势一致。

在苗期（自播种起约 31 天），生物量仅占生物总产量的 3.1%～5.4%，吸收的氮仅占吸氮总量的 5.1%～7.8%，吸收的磷占吸磷总量的 3.24%～5.29%，吸收的钾占吸钾总量的 3.56%～7.02%；进入莲座期（自播种后 31～50 天内），生物量猛增，占生物总量的 29.18%～39.54%，养分吸收明显加快，吸收的氮占吸氮总量的 27.50%～40.10%，吸收的磷占吸磷总量的 29.10%～45.03%，吸收的钾占吸钾总量的 34.61%～54.04%；在包心初期到中期（自播种后 50～69 天内），生物量有更多增长，占生物总量的 44.36%～56.44%，这一时期增加的重量是决定总产量高低和大白菜品质的关键时期，吸收的氮占吸氮总量的 30%～52%，吸收的磷占吸磷总量的 32%～51%，吸收的钾占吸钾总量的 44%～51%；在包心后期至收获期（自播种后 69～88 天内），生物量增长速度下降，相应吸收养分量也减少，此阶段生物量占生物总产量的 10%～15%，吸收的氮占吸氮总量的 11%～26%，吸收的磷占吸磷总量的 16%～24%，吸收的钾一般不到吸钾总量的 10%。

上述结果表明，大白菜需肥最多的时期是莲座期和包心初期，而且，这两个时期对养分的吸收速率最快，容易造成土壤养分亏缺，使地上部分表现出营养不足。因此，莲座期和包心初期要特别注意养分的供应。

2. 对土壤条件的要求 大白菜根系发达，有肥大的肉质直根，并着生大量侧根，形成网状根系。这些根系约 90％分布在地表下 30 厘米的土层中，因此要求土层深厚、供肥能力高的土壤条件。一般影响大白菜生长发育的土壤因子有以下几方面。

（1）土壤质地 土壤质地与大白菜生长发育有密切关系。沙土透水性、透气性良好，有利于微生物繁殖，对大白菜幼苗生长有利，但沙土的保水保肥能力差，不利于结球期发育，容易导致大白菜早衰。因此，沙土种植大白菜，灌水施肥以少量多次为宜。黏土保肥性能好，只要做好水分管理，能使大白菜高产，但这种土壤通气性差，不利于大白菜根系及幼苗生长，一旦遇到雨涝年份，容易遭受湿害。因此，黏土种植大白菜应增施有机肥。壤土质地适中，结构疏松，透水性能良好，且有较好的保肥、保水性，最适宜大白菜生长。

（2）土壤酸碱性（pH） 大白菜适宜生长的土壤 pH6.0～6.8。当盐碱土（pH＞8、含盐 0.2％～0.3％），且地下水位较高时，会影响大白菜种子发芽，造成出苗不齐，特别是在结球期，会导致大白菜干烧心病大量发生，影响大白菜产量和品质；当土壤 pH＜6 时，土壤有效磷容易被固定，还容易导致养分流失，出现钙、镁、钼、硼、硫等营养元素缺乏。因此，酸性土容易使大白菜发生僵苗，侧根不能正常生长，造成主根畸形、膨大，产生"根肿病"。

（3）土壤水分 大白菜是一种不耐湿的蔬菜，对水分要求严格，全生育期适宜的土壤湿度为 80％～90％。若土壤湿度低于70％，对大白菜生长不利；高于 95％，大白菜脱帮较多，病害严重，造成根系活力下降，养分吸收减少，以致叶片减少，叶球产量下降。

3. 施肥技术 大白菜施肥分基肥和追肥。基肥以有机肥为主，并配施适当的速效性肥料。有机肥可以是畜禽粪肥、垃圾堆

肥、饼肥、人粪尿类或厩肥。一般每公顷施有机肥 45 000～
75 000 千克（视有机肥质量而定），加饼肥 375～750 千克，再配
45％复混肥 225～300 千克。基肥在整地时施入表层土中，混匀
作畦，也可以整地后开沟施入土中然后定植。

大白菜追肥应根据"前轻后重"的原则。一般在苗期结束
（8～10 片真叶）时，每公顷施 25％复混肥 300～450 千克。莲座
期至结球期是大白菜吸收养分最多的时期，要特别注意肥料的施
用，每公顷可施人粪尿 15 000 千克，也可用尿素 75～105 千克
加硫酸钾 90 千克。结球初期要加大施肥量，每公顷可用粪干
15 000～22 500 千克或硫酸铵 225～375 千克加硫酸钾 150～225
千克。中、晚熟品种生长期长，结球中期施一次速效肥，每公顷
施硫酸铵 225 千克。

大白菜是一种喜钙作物，需钙量较大，容易出现缺钙，京
津地区和浙江滨海地区先后发生的大白菜干烧心病，就是缺钙
引起的。多数研究资料认为，大白菜干烧心缺钙症并非土壤缺
钙引起，而主要是土壤盐分浓度过高，抑制了大白菜对钙的吸
收所致，因此土壤施钙常不能奏效，其防治应采取叶面补充，
可用 0.3％～0.5％氯化钙或硝酸钙喷施，每隔 7 天喷一次，连
喷 2～3 次即可见效。由于钙在体内移动性较差，在喷钙的同
时加入生长调节剂萘乙酸（NAA）50 毫克/升，可改善钙的
吸收。

大白菜是一种需硼量较多的作物，其外叶适宜的含硼量为
20～50 毫克/千克，若含硼量小于 15 毫克，就容易产生缺硼
症。大白菜缺硼，生长点生长受阻或萎缩，叶片发硬而皱缩，
叶柄常有木栓化褐色斑块，叶柄出现横裂，不能正常结球或结
球不紧实，严重影响大白菜的产量和品质。因此，对缺硼的土
壤（土壤有效硼＜0.5 毫克/千克＝要施用硼肥。硼肥可作茎
肥，每公顷施硼砂 15 千克，与其他基肥一起拌匀施入土壤中。
硼肥除作基肥施用外，也可在莲座期或结球期用 0.1％～

0.2%的硼砂溶液喷施，隔4～5天喷一次，连喷2次，效果良好。

五、大白菜贮藏的基本原则

大白菜收获后仍然是活体，与生长期的基本差别是收获后依靠在生长期积累的营养物质继续其生命活动。叶球为养分贮存器官，营养物质充足，新陈代谢强度已明显降低，又因叶球是在冷凉条件下形成，在低温条件下能强制休眠便于贮藏。在蔬菜中大白菜较耐贮藏。

直筒型比圆球型耐藏，中、晚熟品种比早熟品种耐藏。大白菜的耐贮性与叶球的成熟度有关。结球过紧实的叶球在贮藏期易开裂和衰老，不利于贮藏，选用"八九成心"的叶球做窖藏，"七八成心"的供埋藏。如果收获过早，气温和窖温均高，不利贮藏；收获过晚，耐藏性已趋于衰降过程，不耐贮藏，所以要注意掌握大白菜的播种期。

近几年来大白菜干烧心病发生日益严重，在贮藏期间病症更逐步表现出来，而且极易受腐生菌感染而腐烂。过量施用单一氮肥可明显引起干烧心病发生，增施有机肥，合理施用氮素化肥和氮、磷、钾复合肥，是行之有效的综合措施之一。

在收获前7天左右应停止灌溉，以免含水分高，组织脆嫩，不耐搬运，并易造成机械损伤，影响贮藏效果。

感染病菌和害虫造成的伤口，是造成产品贮藏中败坏变质的重要因素，应选用优质、抗病、耐藏的品种，并在适宜的自然条件下种植，注意田间清洁，采用良好的综合防治措施，减少病虫发生。有病虫害的叶球不宜用于贮藏，应在入贮时剔出。

大白菜砍倒后，将其根部向南平铺田间晾晒几天（期间还要翻转一次），以加速伤口愈合，并使外叶失去一些水分，散发一些热量，使之达到菜棵直立时外叶柔软垂直而不折的程度，再进行撕菜修整（摘除黄帮烂叶和外叶上未包心的叶片），随即预贮或入窖。

预贮，即经晾晒、修整后的大白菜因气温和窖温过高不能入贮时，常在田间作临时性的堆积。预贮可利用日渐下降的气温，除去其田间热。

大白菜贮藏中，脱帮是贮藏损耗中的一部分。所谓脱帮，就是叶柄由短缩茎上分离。大白菜外叶进入衰老状态，其抑制衰老和脱落的激素含量明显下降，叶柄基部与短缩茎之间的离层组织区活动，因其中分离层细胞溃解而分离。贮藏温度、湿度过高或晾晒过度，组织萎缩都会促成脱帮。

六、大白菜主要病虫害防治技术

(一) 大白菜三大病害的识别与防治

霜霉病、软腐病和病毒病是大白菜的常见病害，俗称大白菜的三大病害。其发病症状及有效的防治方法如下。

1. 发病种类

(1) 霜霉病　大白菜霜霉病俗称白霉、霜叶病，是由霜霉菌侵染引起的真菌病害。该病在莲座期至包心期发病，主要危害叶片，多从植株下部开始发病，也能侵染花梗及种荚等组织。叶片病斑初为淡黄色，边缘不明显，后变为黄褐色至淡褐色，枯死后褐色，因受叶脉限制呈多角形或不规则形，湿度大时，叶背病斑处产生疏密不等的霜状白霉。进入包心期后病情加重，病斑连片，致使叶片变黄干枯，叶片自外逐层枯死，仅剩叶球。采种株发病，花梗肥肿、弯曲畸形，如龙头拐杖，俗称"老龙头"，花肥大、畸形，花瓣绿色，久不凋落，种荚黄瘦，结实不良。低温（平均气温 16 ℃左右）高湿（相对湿度 70 ％ 以上）有利于病害发生和流行。

(2) 软腐病　大白菜软腐病又叫腐烂病，是由细菌侵染引起的病害。该病从莲座期到包心期发生，常见有 3 种类型：

基腐型：外叶呈萎蔫状，莲座期可见菜株于晴天中午萎蔫，但早晚恢复，持续几天后，病株外叶平贴地面，心部或叶球外露。发病严重的植株，结球小，叶柄基部或根茎处心髓组织完全腐烂，流出灰褐色黏稠状物，轻碰病株即倒折溃烂，菜农称之为"烂疙瘩"。

心腐型：病菌由菜帮基部伤口侵入菜心，形成水渍状浸润区，逐渐扩大后变为淡灰褐色，病组织呈黏滑软腐状。菜心部叶球腐烂，结球外部无病状，菜农称之为"湿烧心"。

外腐型：病菌由叶柄或外部叶片边缘、叶球顶端伤口侵入，引起外叶边缘焦枯，潮湿时腐烂。

上述 3 类症状在干燥条件下，腐烂的病叶经日晒逐渐失水变干，呈薄纸状，紧贴叶球。病烂处均产生硫化氢恶臭味，成为本病重要特征。苗期高温干旱、多雨潮湿、虫害严重时有利于病害发生和流行。

（3）病毒病　大白菜病毒病又叫孤丁病、花叶病、抽疯病，主要病原为芜菁花叶病毒。该病在幼苗 7 叶期以前最易发生，主要为害叶片。白菜幼苗受害后，心叶产生明脉，随后在明脉附近发生褪绿，以后逐渐变为淡绿与浓绿相间的花叶。成株期发病，病叶皱缩不平，质硬而脆，心叶扭曲畸形，叶背主脉上产生褐色坏死斑点或条斑。严重时植株明显矮化、畸形、不结球或结球松散，失去食用价值。在气温 25 ℃以上、相对湿度低于 50 %条件下，以及有蚜虫为害时，有利于此病发生。

2. 防治方法　防治大白菜 3 大病害，应遵循"预防为主，综合防治"的原则。

（1）选用抗病品种　大白菜不同品种的抗病性差异很大，但对 3 大病害的抗性是一致的。种植抗性强的品种，可明显减轻病害发生。一般青帮品种比白帮品种抗病性强，疏心直筒型品种比圆球型品种抗病性强，晚熟品种比早熟品种抗病性强，杂交品种比普通品种抗病性强。品种抗病性有地域性，应因地制宜选用。

（2）加强田间管理

①根据当地气候条件和品种特性适期晚播，尽量错过雨季，减少雨水对幼苗的冲淋，使包心期的感病阶段避开多雨季节，使苗期躲过高温期，特别是伏天雨少、秋季高温干旱的年份，更应晚播几天。但过迟会影响产量。选用优质早、中熟品种，适期晚播，是防治大白菜3大病害最经济有效的措施。

②合理密植，密度依品种和地力而定，避免因栽培过密而使田间小气候湿度过大。

③尽可能选择前茬为大麦、小麦、水稻、豆科植物的田块种植白菜，避免与茄科、瓜类及其他十字花科蔬菜连作。病重田与非十字花科蔬菜实行2年以上轮作。

④多雨地区实行高畦深沟（20厘米左右）直播，高畦则地面不易积水，土中氧气充足，利于植株根系或叶柄基部伤愈组织形成，发病较轻。

⑤施足基肥，适时追肥。播种前结合整地，每亩施优质腐熟农家肥4 000～5 000千克，三元复合肥30～40千克，磷酸二铵30千克，硫酸钾15千克。追肥要把握莲座期和结球前期两个关键时期。在莲座期，于畦中间开浅沟埋肥，每亩施复合肥30千克，尿素10千克。在结球前期，于行间每亩施复合肥20～25千克，尿素15千克，氯化钾7.5千克。

⑥科学浇水。发芽期至幼苗期需水量不大，但其根系入土浅，同时这个时期气温较高，水分蒸腾量大，因此要小水勤浇。发芽期每天早晚各浇一次水，出苗后逐渐减少浇水次数，保持地表湿润，降低地温，可有效防止病毒病发生。莲座期植株生长加快，需水量相应加大。浇水时直接灌入行间垄沟内，这样既可避免植株受到机械伤害，又可满足植株需水量。但莲座期易感病，灌水不宜太勤，地面要见干见湿，在包心之前的莲座中后期要间隔10天左右不浇水，以降低田间湿度，减轻霜霉病和软腐病发生。结球期生长量最大，需大量水分，要勤浇水，保持土壤湿

润。注意不要让水溢过垄面。

⑦选择排灌良好的岗地、沙壤土种植。

⑧尽量减少不必要的田间作业或走动，以避免机械损伤。

⑨收获后及时清除田间病残体并将其烧毁，及时深耕（23厘米以上），可杀灭部分害虫和病菌，减少其基数。

（3）消毒病穴　发病初期应及时拔除病株，不可把病株扔在菜地，并带出田外深埋。病穴及四周撒石灰消毒，再将病穴填实，可避免病菌随水传播。接触过病株的手和工具，要及时用肥皂水冲洗。

（4）及时防治害虫　抓住大白菜出苗前这一关键时期，用药剂防治田间和地块周围杂草上的蚜虫、灰飞虱、白粉虱等1～2次。出苗后仍要继续喷药，7天喷一次，可选用10％吡虫啉可湿性粉剂1 000～2 000倍液、10％啶虫脒可湿性粉剂1 000～2 000倍液喷雾。也可在田间设置黄板诱杀，具体方法：用100厘米×20厘米的纸板，涂上黄色，同时涂一层机油，挂在行间或株间，高出植株顶部，每亩30～40块。当黄板上粘满害虫时，再重涂一层机油，一般7～10天重涂一次。

（5）药剂防治　3种病害均需在发病初期及时喷药防治，以取得良好防治效果。

霜霉病可选用72％克露可湿性粉剂800～900倍液或50％安克可湿性粉剂2 500～3 000倍液、40％乙磷铝可湿性粉剂300倍液、25％甲霜灵可湿性粉剂600倍液、60％代森锌可湿性粉剂600倍液、75％百菌清可湿性粉剂500～600倍液等，喷雾。施药间隔期一般为7～10天，连喷2～3次。其中72％克露及50％安克对霜霉病有特效，有预防和治疗的双重作用，是霜霉病的克星。

软腐病可选用72％链霉素可溶性粉剂3 000～4 000倍液或50％氯溴异氰脲酸可溶性粉剂1 000～1 500倍液、50％代森铵水剂600～800倍液等，喷药的重点是病株根茎部位及其周围菜株的地表或叶柄，药液流入菜心效果会更好。视病情间隔 7～10 天喷一次，连喷 2～3 次。

病毒病可喷洒 20 ％病毒 A 可湿性粉剂 600 倍液或 1.5 ％植病灵乳剂 1 000～1 500 倍液、抗毒剂 1 号水剂 250～300 倍液，一般隔 7～10 天喷一次，连续喷 2～3 次。

（二）大白菜干烧心病的发生与防治

1. 症状特点　钙是组成植物细胞壁的主要成分，缺钙不仅影响细胞壁中果胶酸钙的形成，限制了细胞分裂，阻碍了植株生长，又使水分失调。在大白菜生长中缺钙主要表现为干烧心、焦边、镶金边等症状，很少表现烂叶症状，所以常称作大白菜干烧心病。

大白菜干烧心病一般在莲座期开始发病，心叶边缘干黄、向内倾卷，嫩叶边缘呈水渍状、半透明，脱水后萎蔫呈白色带状，有的幼嫩叶片表现干边，生长受抑制，包心不紧，叶球顶部边缘向外翻卷，叶缘逐渐干枯黄化，病斑扩展，叶部组织呈水渍状、无臭味，叶片上部也逐渐变干黄化，叶肉呈干纸状。发病部位和健康部位的界限较为清晰，叶脉黄褐至暗褐色，主要在叶球中部的叶片发病，即由外向内第 17～35 片叶之间，重病株叶片大部分干枯黄化。田间种于结球初期发病，到结球后才显症，贮藏期达严重程度，由干心变腐烂。

2. 发病原因　大白菜干烧心病是由缺钙引起的一种生理性病害，近年来也有专家指出是缺锰造成。发病的原因主要有以下四个方面：一是土壤中活性锰严重缺乏，是造成钙质土大白菜干烧心的主要病因。二是土壤本身缺钙，如酸性红壤土的钙离子含量严重不足。三是土壤中钙离子的活性低，土壤中盐分含量高，或偏施氮肥尤其是铵态氮肥等，过多的盐分抑制了根系对水分和土壤养分的吸收，盐离子还与土壤中的钙离子发生拮抗作用，降低钙离子的活性。研究表明，大白菜干烧心病的发病率随氮肥用量的增加而增加。四是土壤干旱或湿度过大，土壤干旱或湿度过大会影响钙离子的吸收，生育期特别是莲座期、结球期，天气干旱少雨又不能及时灌溉，或空气湿度、土壤湿度过大等，都影响根系对钙的吸收和运转，导致缺钙。

除上述原因外，贮藏条件也影响其发病程度。大白菜贮藏期间各种代谢活动仍在进行，而钙离子供应已停止，病情会继续加重，引起干烧心病发生，特别是在温度高、通风条件差的情况下病情发展很快。

3. 防治措施

(1) 选好园田，精耕细作　要选择土壤肥沃、质地疏松、排水良好、含盐量低、上年没有种过大白菜及其他十字花科蔬菜的地块作园田，尽量不选缺钙的红壤土或地势低洼的盐碱地。直播或移苗前要精细整地，做到上虚下实、土碎地平，以促进根系发育，提高吸肥供肥能力。对酸性的红壤土亩用石灰 75 千克，与土杂肥混施，补钙减酸；碱性土壤亩施石膏粉 100 千克，并进行一次深中耕，疏松土壤，促进植株根毛增加，增强吸收能力。具体要求是菜田土壤有机质含量应在 3% 以上，全盐含量在 0.2% 以下，氯化钠含量低于 0.05%。

(2) 配方施肥，增施有机肥　根据大白菜在整个生长期中吸收的钾最多、氮磷最少（N、P、K 的吸收比例大致为 $1:0.46:1.33$）的需肥特点，在施肥上要增施有机肥，配施磷、钾肥。有机肥富含氮、磷、钾、钙等元素，养分全面，肥效期长，一般亩施有机肥 3~4 吨，氮磷钾复合肥 30~40 千克，使土壤中有机质含量保持在 2.5% 以上。对中性、偏酸性土壤，可施用草木灰，补钾增钙，但盐碱地不能施用草木灰。

(3) 防止干旱，以水调肥　土壤干旱缺水时钙的有效性差，而水分过多时又会抑制根系对养分的吸收。在大白菜整个生育期要采用小水勤浇的方式，始终保持土壤湿润，不干不涝；灌水后及时中耕，防止土壤板结，盐碱上升；避免用污水和碱水浇田。大白菜进入莲座期以后，我国北方大部分地区一般年份是秋高气爽，持续干旱，要每隔 15 天左右沟灌一次，但在收获前 10 天应停止灌水，以防叶球含水量过多而不耐贮藏。

（4）选用优良品种　研究表明，大白菜不同品种对干烧心病的抗性存在着较大差异，在种植时应注意选用抗耐病、耐贮藏的品种。我国北方各地都有一些抗病品种，如新乡小包 23、津绿 55、青庆、中白 4 号等，对干烧心病都有抗性。

（5）科学追肥，根外补钙　大白菜从莲座期开始应追施钙肥。北方一般从 9 月中旬大白菜开始包心到大白菜砍收前 15 天向心叶连喷 2～3 次 0.5%的氯化钙溶液，防干烧心率 90%以上。在喷钙时加入萘乙酸，使钙"活化"，可促进对钙的吸收和运输。方法是 0.7%氯化钙＋50 毫克/千克萘乙酸，混匀后喷施，若同时混喷 0.2%～0.3%磷酸二氢钾则防病效果更佳。

（6）化学防治　亩喷 0.7%硫酸锰液 50 升，可增产 8%～10%；在白菜苗期、莲座期或包心前亩用"防治丰"450 克，对水 50 升喷洒，共喷 3 次。

（7）及时采收　大白菜生长需要的湿度大，应及早挑选叶球较坚实的植株收获，收获期不宜拖延太久，一般为 10～15 天，成熟过度常会造成裂球而降低品质。

（8）科学贮藏　尽可能地创造条件，将大白菜贮藏在温度 0℃左右、相对湿度 80%～90%、通风良好的地方，以减轻贮藏期发病程度，推迟干烧心病出现的时间。

（三）大白菜其他常见病害防治

1. 黑斑病　分布普遍，主要为害叶片、叶柄，有时也为害花梗和种荚。叶片上病斑近圆形，灰褐色或褐色，有明显同心轮纹，常引起叶片穿孔，多个病斑汇合，可致叶片干枯。叶柄上病斑长梭形，呈暗褐色状凹陷。病菌分生孢子从气孔或直接穿透表皮侵入。发病后借风、雨水传播，使病害不断蔓延。在连阴雨天、湿度高、温度偏低时发病较重。

防治方法：①与非十字花科蔬菜轮作 2～3 年。②选用抗病品种。③药剂拌种可用种子重量 0.4％的 50％福美双可湿性粉剂等。④适期播种，增施磷、钾肥，适当控制水分，降低株间湿度，可减少发病机会。⑤可用 50％异菌脲（扑海因）可湿性粉剂 10 500 倍液或 64％恶霜·锰锌（杀毒矾）可湿性粉剂 500 倍液、50％福·异菌（天霉灵）可湿性粉剂 800 倍液、75％百菌清可湿性粉剂 500～600 倍液等喷雾，隔 7 天左右喷一次，连续防治 3～4 次。

2. 黑腐病 幼苗染病后子叶呈水渍状，根髓部变黑，幼苗枯死。成株染病引起叶斑或黑脉，叶斑多从叶缘向内扩展，形成 V 形黄褐色枯斑，病部叶脉坏死变黑；有时病菌沿脉向里扩张，形成大块黄褐色斑或网状黑脉。与软腐病并发时，易加速病情扩展，致茎或茎基腐烂，轻者根短缩茎维管束变褐，严重时植株萎蔫或倾倒，纵切可见髓部中空。病原细菌随种子或病残体遗留在土壤中或采种株上越冬。大白菜生长期主要通过病株、肥料、风、雨或农具等传播、蔓延。

防治方法：①选用抗病品种，从无病田或无病株上采种，进行种子消毒。②适时播种，不宜播种过早，收获后及时清洁田园。③发病初期喷洒 72％农用硫酸链霉素可溶性粉剂或新植霉素 100～200 毫克/升、氯霉素 50～100 毫克/升、14％络氨铜水剂 350 倍液等。对铜制剂敏感的品种须慎用。

3. 菌核病 长江流域及南方各地发生普遍。大白菜生长后期和采种株终花期后受害严重。田间成株发病，近地面的茎、叶柄和叶片上出现水渍状淡褐色病斑，引起叶球或茎基软腐。采种株多先从基部老叶及叶柄处发病，病株茎上出现浅褐色凹陷病斑，后转为白色，终致皮层朽腐，纤维散乱如乱麻，茎中空，内生黑色鼠粪状菌核。种荚也受其害。在高湿条件下，病部表面均长出白色棉絮状菌丝体和黑色菌核。病菌以菌核在土壤中或附着在采种株上、混杂在种子中越冬或越夏。病菌子囊孢子随风、雨传播，从寄主的花瓣、老叶或伤口侵入，以病、健组织接触进行再侵染。

防治方法：①选用无病种子或播前用 10％食盐水汰除菌核。②提倡与水稻或禾本科作物实行隔年轮作，清洁田园，深翻土地，增施磷、钾肥。③发病初期用 50％腐霉利（速克灵）或 50％异菌脲（扑海因）可湿性粉剂各 1 500 倍液、50％乙烯菌核利（农利灵）可湿性粉剂 1 000 倍液、40％多·硫悬浮剂 500～600 倍液等防治。隔 7 天喷施一次，连续防治 2～3 次。

4. 根肿病　南方发生普遍，危害重。北方局部地区零星发生，寄主为十字花科蔬菜。幼苗和成株均可受害，初期生长迟缓、矮小，似缺水状，严重时病株枯死。病株主根和侧根出现肿瘤，一般呈纺锤形或手指状、不规则形，大小不等。初期瘤面光滑，后期粗糙、龟裂，易感染其他病菌而腐烂。病菌以休眠孢子囊在土壤中或未腐熟的肥料中越冬、越夏，借雨水、灌溉水、害虫及农事操作传播。

防治方法：①实施检疫，严禁从病区调运秧苗或蔬菜到无病区。②与十字花科蔬菜实行 3 年以上轮作，增施石灰调节酸性土壤成微碱性。③及时排除田间积水，拔出中心病株，并在病穴四周撒石灰防治病菌蔓延。④清洁田园，必要时用 40％五氯硝基苯粉剂 500 倍液灌根，每株 0.4～0.5 升，或每亩用 40％五氯硝基苯粉剂 2～3 千克，拌 40～50 千克细土于播种或定植前沟施。

其他病害还有大白菜白斑病、细菌性角斑病、炭疽病等，主要采取药剂和合理的栽培技术进行综合防治。

（四）大白菜主要害虫防治

1. 菜粉蝶　幼虫称菜青虫。2 龄前只啃食叶肉，留下一层透明的表皮；3 龄后可蚕食叶片，成孔洞或缺刻，重则仅剩叶脉。伤口还能诱发软腐病。各地多代发生，以蛹在菜地附近的墙壁、树干、杂草残株等处越冬，翌年 4 月开始羽化。菜青虫发育最适温度 20～25℃，相对湿度 76％左右，因此春、秋两季是其发生高峰。

防治方法：用细菌杀虫剂 Bt 乳剂或青虫菌 6 号悬浮剂500～800 倍液或 50％辛硫磷乳油 1 000 倍液、2.5％溴氰菊酯乳油 3 000倍液等进行防治。提倡用昆虫生长调节剂，如 20％灭幼脲 1 号（除虫脲）或 25％灭幼脲 3 号（苏脲 1 号）胶悬剂 500～1 000倍液，尽早喷洒防治。

2. 菜蛾 又名小菜蛾、吊丝虫等。南北方均有分布，南方为害较重。初龄幼虫啃食叶肉。3～4 龄将叶食成孔洞，严重时叶面呈网状或只剩叶脉。常在苗期集中为害心叶，也为害采种株嫩茎及幼茎。华北及内蒙古地区一年发生 4～6 代，长江流域9～14 代，海南 21 代。在北方地区以蛹越冬，南方可周年发生，世代重叠严重。成虫昼伏夜出，有趋光、趋化（异硫氰酸酯类）和远距离迁飞性。北方 5～6 月、长江流域春秋季、华南地区2～4 月及 10～12 月为发生为害时期。

防治方法：①避免与十字花科蔬菜周年连作。②采收后及时处理病残株并及时翻耕，可消灭大量虫源。③采用频振灯或性诱剂诱杀成虫或用防虫网阻隔。④喷施 Bt（含活芽孢 100 亿～150 亿/克）乳剂 500～800 倍液或 20％菊马、菊杀乳油各 1 000 倍液等。在对有机磷、拟除虫菊酯类杀虫剂产生明显抗性的地区，选用 5％氟啶脲（抑太保）乳油、5％氟苯脲（农梦特）乳油 1 500 倍液，或 5％多杀菌素（菜喜）悬浮剂 1 000 倍液、20％抑食肼可湿性粉剂 1 000 倍液、1.8％阿维菌素乳油 2 500 倍液、15％茚虫威（安打）悬浮剂 3 000～5 000 倍液等防治。

3. 甜菜夜蛾 一年发生多代，分布广泛。在南方菜区危害严重，华北各地和陕西局部地区为害较重。高温、干旱年份常大发生，田间 7～9 月为害最重。成虫昼伏夜出，具远距离迁飞习性，有趋光性。初孵幼虫吐丝结网，在叶背群集取食叶肉，受害部位呈网状半透明窗斑，3 龄后可将叶片吃成孔洞或缺刻，4 龄开始大量取食，5、6 龄食量占整个幼虫期食量的 90％。抗药性强。以蛹在土中越冬。

防治方法：①及时清洁田园，深翻土地减少虫源。②利用黑光灯、频振式诱虫灯等诱杀成虫。③做好预测预报工作，在1～2龄幼虫盛发期于清晨或傍晚及时施药，药剂种类与防治小菜蛾相同。此外，还可用5%增效氯氰菊酯（夜蛾必杀）乳油1 000～2 000倍液与菊酯伴侣配套使用。

4. 斜纹夜蛾 全国性分布，南方各地及华北的山东、河南、河北等地为害较重。具间歇性猖獗为害特点，大发生时可将全田大白菜吃成光秆。此虫喜温好湿，温度28～30℃、空气相对湿度75%～85%、抗寒力弱时易发生。因此，长江流域7～9月、黄河流域8～9月、华南4～11月盛发期，其中华南7～10月为害最重。此虫生活习性、防治方法可参见甜菜夜蛾。

5. 甘蓝夜蛾 在国内分布较广泛，以东北、华北、西北及西藏等地为害严重。以蛹在土中滞育越冬。越冬代盛发期为3～7月。成虫昼伏夜出，有趋光性，趋化性强。幼虫食叶，4～6龄幼虫夜出暴食为害，严重时仅存叶脉，还可钻入叶球取食，排泄粪便引起污染或腐烂。在北方地区其种群数量呈春、秋季双峰型，其中雨水多、气温低的秋季大发生，具间歇性和局部成灾的特点。

防治方法：①清洁田园，及时冬耕灭蛹。②用黑光灯和糖醋毒液诱杀成虫。③结合田间作业捡除卵块。④及时喷洒20%氰戊菊酯或4.5%氯氰菊酯乳油各2 000倍液。

6. 菜螟 钻蛀性害虫，国内分布较为普遍，是南方沿海各省及华北地区常发性害虫。以幼虫为害大白菜心叶、茎髓，严重时将心叶吃光，并在新业中排泄粪便，使其不能正常包心结球。以老熟幼虫在土中吐丝缀合泥土、枯叶结成蓑状丝囊越冬，少数以蛹越冬。成虫昼伏夜出，趋光性差，飞翔力弱。初孵幼虫多潜叶为害，3龄以后多钻入菜心为害，造成无心苗。8～9月为害最重。

防治方法：①加强田间管理，适当灌水，增大田间湿度，可抑制害虫发生。②清洁田园，进行深耕，减少虫源。③适当晚播，使幼苗 3～5 片真叶期与幼虫为害盛期错开。④常用药剂：90％晶体敌百虫 1 000 倍液、80％敌敌畏乳油 1 000 倍液、50％辛硫磷乳油 1 000 倍液、2.5％溴氰菊酯乳油 3 000 倍液、20％速灭菊酯乳油 3 000 倍液、5％氟苯脲（农梦特）乳油和 5％氟啶脲（抑太保）乳油各 2 000～5 000 倍液。

7. 菜蚜 为害大白菜的蚜虫主要是萝卜蚜、桃蚜及少量甘蓝蚜，后者是新疆的优势种。菜蚜群聚在叶上吸食汁液，分泌蜜露诱发煤污病，重则传播病毒病使植株萎蔫死亡。一般每年春、秋季是菜蚜发生高峰，在华南地区则秋冬季发生较重。高温、高湿及多种田地不利其发生。有翅芽具迁飞习性，对黄色有正趋性，对银灰色有负趋性。

防治方法：①提倡与高秆作物间套作。②清洁田园，铲除杂草，及时清除前茬蔬菜作物病残败叶，及时打老叶、黄叶，间除病虫苗并进行无害化处理。③采用银色反光塑料薄膜避蚜，或用黄板诱蚜。④选用具内吸、触杀作用的低毒农药，喷药时特别注意心叶和叶片背面。常用药剂有 50％避蚜雾（抗蚜威）或 10％吡虫啉可湿性粉剂 2 000～3 000 倍液、3％啶虫脒乳油 2 500～3 000倍液、40％菊杀乳油或 40％菊马乳油 2 000 倍液。

8. 黄曲条跳甲 分布广泛，在南方菜区为害重。成虫食叶成孔洞，幼虫蛀根或咬断须根。苗齐为害重，可造成缺苗断垄，局部毁种，并传播软腐病。以成虫在落叶、杂草中潜伏越冬，翌年气温达 10℃以上时开始取食。成虫善跳跃，高温时还能飞翔。有群集性、趋嫩性和趋光性。

防治方法：①清洁田园，铲除杂草。②播前深耕晒土。③铺设地膜栽培，防治成虫把卵产在根上。④用黑光灯诱杀成虫。⑤药剂土壤处理和叶面喷雾，常用药剂有 90％晶体敌百虫 1 000倍液或 80％敌敌畏乳油 1000 倍液、50％马拉硫磷乳油 800 倍液、20％速灭菊酯乳油 2 000 倍液、25％杀虫双水剂 500 倍液喷雾。幼虫为害严重时，也可用上述药剂灌根。

9. 地下害虫 东北大黑鳃金龟的幼虫（蛴螬）、东方蝼蛄和华北蝼蛄的成、若虫为害大白菜种子和幼苗，造成缺苗断垄。

防治方法：每公顷用10％二嗪磷颗粒剂30～45千克或5％辛硫磷颗粒剂15～22.5千克，与15～20倍细土混匀后撒播在床土上、播种沟或移栽穴内，待播种或菜苗移栽后覆土。毒土也可用50％辛硫磷乳油3千克或80％敌百虫可湿性粉剂1.5～2.25千克，兑少量水稀释后拌适量细土制成；或将豆饼、棉仁饼或麦麸5千克炒香，再用90％晶体敌百虫或50％辛硫磷乳油150克兑水30倍拌匀，结合播种，每亩用1.5～2.5千克撒入苗床；也可出苗后将毒饵撒在蝼蛄活动的隧道处诱杀，能兼治蛴螬。

第二章

小白菜设施栽培

一、小白菜生物学特性

小白菜属十字花科芸薹属芸薹种白菜亚种的一个变种，又称白菜、普通白菜、不结球白菜、青菜、油菜。小白菜是中国长江流域各地普遍栽培的一种蔬菜，北方也多引种栽培。其种类和品种繁多，生长期短、适应性广，高产、省工、易种，可周年生产与供应。在南方约占全年蔬菜供应量的 30%～50%，成为全年蔬菜播种面积最大的蔬菜之一。

（一）小白菜植物学特征

小白菜为一、二年生蔬菜植物，与大白菜的主要区别在于叶片开张，植株较矮小，多数品种叶片光滑，叶柄明显，无叶翼。

1. 根 须根发达，分布较浅，再生力强，宜于育苗移栽。具 2 个原生木质部，二裂侧根与子叶方向一致。

2. 茎 营养生长期为短缩茎，短缩茎上着生莲座叶，在高温或过分密植条件下会出现茎节伸长。花芽分化后，遇到温暖气候条件，茎节伸长而抽薹，花茎可高达 1.5～1.6 米。

3. 叶 柔嫩多汁，为主要食用部分。一般叶片大而肥厚。叶色浅绿、绿、深绿至墨绿。叶片多数光滑，亦有皱缩，少数具茸毛。叶形有匙形、圆形、卵圆、倒卵圆或椭圆形等。叶缘全缘或有锯齿、波状皱褶，少数基部有缺刻或叶耳，呈花叶状。叶柄肥厚，一般无叶翼，柄色白、绿白、浅绿或绿色，其断面为扁平、半圆形或圆形，长度不一。一般内轮叶片舒展或近叶片处抱合紧密呈束腰状，叶柄抱合成筒状，基部肥大，俗称"菜头"。

少数心叶抱合成半结球状，真叶多以 3/8 叶序排列，单株成叶数一般十几片，花茎叶一般无叶柄，叶基部耳状抱茎或半抱茎而生。

4. 花 总状花序，抽薹后在顶端和叶腋间长出花枝。开花习性依品种和当地气候条件而异。开花时间从早上开始，9～10时盛开，以后渐少，午后开花更少。花色鲜黄至浓黄色，始花后约 2 周进入盛花期，持续约 30 天。虫媒花，为异花授粉作物。

5. 果实与种子 果实为长角果，成熟时易开裂。种子近圆形，红褐或黄褐色，千粒重 1.5～2.2 克。

(二) 小白菜生长发育对环境条件的要求

1. 温度 种子发芽适宜温度为 20～25℃，4～8℃为最低温度，40℃为最高温度，所以小白菜在江南几乎周年可以播种。萌动的种子及绿体植株可在 15℃以下，适温 2～10℃经 15～30 天通过春化阶段。

环境条件对小白菜单株叶数、单叶重、叶形指数以及叶柄与叶片的比例有很大影响。小白菜是性喜冷凉的蔬菜，在平均气温18～20℃下生长最适，比大白菜适应性广，耐寒力强。－3～－2℃能安全越冬。25℃以上的高温及干燥条件下，生育衰弱，易受病毒病危害，品质明显下降。只有少数品种耐热性较强，可作夏白菜栽培，是利用苗期适应性强的特点，产量亦低。所以，长江以南地区以秋冬季节栽培最多，产量品质亦最佳；北方地区则以春、秋季栽培为主。

小白菜叶分化与生长速度因气温下降而延缓，当气温下降到15℃以下时，茎端开始花芽分化，叶数也因此停止增长。所以，秋季小白菜播种过迟，会影响品质和产量。幼根生长适温为26℃，最高 36℃，最低 4℃。

2. 光照 小白菜对光照度要求很高，在阴雨弱光下易引起徒长，茎节伸长，品质下降。据研究，光质对白菜生长发育有影响，红光促进生育，干物重增加，而绿色光波下生育受抑。在人工补充光照条件下，宜使用红色电灯光。若在紫外线或近紫外光下，则生长受抑。

小白菜属长日照作物，通过春化阶段后，在 12～14 小时长日照条件和较高的温度（18～30℃）下迅速抽薹开花。

3. 土壤　小白菜对土壤的适应性较强，较耐酸性土壤，但以富含有机质、保水保肥力强的黏土或积土为最适，土壤含水量对产品品质影响较大，土壤水分不足，则生长缓慢，组织硬化粗糙，易患病害。水分过多，则根系窒息，影响呼吸及养分吸收，严重的会因沤根而萎蔫死苗。

4. 营养　小白菜以叶供食用，又是植株的同化器官。从播种定植到采收的过程中，对肥水的需要量与植株的生长量几乎是平行的，即在生长初期，植株生长量小，对肥水的吸收量也少；到生长盛期，植株生长量大，对肥水的吸收量也大。由于以叶为产品，且生长期短而迅速，所以氮肥尤其在生长盛期对普通白菜的产量和品质影响最大，其中硝态氮较铵态氮、尿素态氮较酰胺态氮对生育、产量、品质有更大的影响。钾肥吸收量较多，但磷肥增产效果不显著，硼不足会引起缺硼症。

5. 水分　小白菜根系分布较浅，吸收能力较弱，而叶片蒸腾作用较强，耗水量大，所以需较高的土壤和空气湿度。在干旱条件下，生长矮小，产量低，品质差。不同的生长时期，小白菜对水分的要求不同。发芽期需水量不多，但要求土壤湿润，以利出芽和幼苗生长；幼苗期叶面积小，蒸发耗水少，要求土壤见干见湿，供给适量的水分；莲座期叶片多而大，耗水量多，是产品形成期，需水量较多，应保持土壤处于湿润状态。夏季高温季节栽培，则应勤浇水，以降低地温，防止高温灼根和病毒病发生。

（三）小白菜生长发育特性

小白菜的生育周期分为营养生长和生殖生长。

营养生长期包括：①发芽期：从种子萌发到子叶展开，真叶显露。②幼苗期：从真叶显露到形成 1 个叶序。③莲座期：植株再长出1~2个叶序，是个体产量形成的主要时期。

生殖生长期包括：①抽薹孕蕾期：抽生花薹，发出花枝，主花茎和侧花枝上长出茎生叶，顶端形成花序。②开花结果期：花蕾长大，陆续开花、结实。

1. 种子萌发及其条件 小白菜种子成熟后有较短的休眠期，休眠时间长短依品种类型、采种方法、种子成熟度而不同。种子寿命依采种状况、种子充实度和贮藏条件而异，一般5~6年，实用年限为3年。

2. 叶的生长动态与环境条件的关系 小白菜主要以莲座叶为产品，因此叶数和叶重是影响单株产量的主要因素。江南种植的小白菜品种，除少数为叶数型外，多数为叶重型。而叶重的增加，主要靠叶面积增大和叶柄增重两方面来实现。

种子发芽后，茎端每隔一定天数分化新叶，新叶的发生速度依品种遗传性和环境条件而异。叶的分生速度是确定叶数的重要条件。据李曙轩等（1962）试验，以油冬儿、瓢羹白菜、蚕白菜、四月慢等品种为材料，观察不结球白菜的单株叶数都在25~30片，很少超过40片，而在产量上起作用的主要是15片左右的成长叶。前期生长的8~10片叶子，到采收时都已先后脱落，而后期生长的第25片以后的叶子都是很小的稚叶，在产量上所起的作用不大，但前期叶的健全生长都是为后期叶的生长做准备的，只有生长良好的幼苗叶才能大量生长莲座叶。试验还指出，小白菜的单叶重和单叶面积随不同叶位和不同生长期而异，但幼苗期叶面积的增长速度比叶的重量增加快，成株期则叶重比叶面积增加速度快。因此，在小白菜生长初期，要增加单株的叶数，以迅速达到足够的叶数及叶面积；到生长后期，要增加单叶重量（主要是叶柄的重量），因为叶柄的重量越到生长后期占叶总重的比重越大，一般可达75%~80%，这时，它是作为养分贮藏积累器官而存在的。

3. 花芽分化、抽薹开花特性及其条件 小白菜大多数品种于 8～9 月份播种，11～12 月花芽开始分化，其中春性型品种甚至当年抽薹开花。但多数品种要到翌年 2～4 月气温升高、日照延长的条件下抽薹开花。对冬性强的春小白菜四月慢的试验表明，光照对促进花芽分化的影响比温度的影响大。

试验还表明，温度及光照对花芽分化的影响和对抽薹开花的影响不同，因为花芽分化后并不一定立即抽薹。光照条件相同，增加温度，可以显著促进抽薹开花，而在同样温度下，虽然长光照比短光照抽薹开花早，但没有温度的影响大。故在栽培春小白菜时，除应选择冬性强的品种外，还要选择在较高温度下抽薹缓慢的品种，配合增施氮肥，才能获得较大的叶簇和延长供应期。江口等（1963）以冬性弱的秋冬白菜为材料，认为花芽分化是由于低温诱导，给予适宜的低温处理时间愈长，苗龄愈大的，花芽分化与抽薹开花愈早，而与日照的长短关系不大。

二、小白菜主要类型和品种

（一）小白菜主要类型

据曹寿椿等（1982）观察，普通白菜变种的株型直立或开展，形态多样，高矮不一，品种甚多。一般产量高，品质好，适应性强，除北方寒冷地区外，适宜周年栽培与供应，是白菜中最主要的一类。按其成熟期、抽薹期和栽培季节特点可分为秋冬小白菜、春小白菜、夏小白菜等 3 类。

1. 秋冬小白菜　我国南方广泛栽培，早熟，多在翌春 2 月抽薹，故又称"二月白"或"早白菜"。植株直立，有的束腰，叶的变态繁多，有花叶、板叶，长梗、短梗，白梗、青梗，扁梗、圆梗之别。耐寒力为白菜类中较弱者，有许多高产优质的品种，以秋冬栽培为主。依叶柄色泽不同又分为白梗菜和青梗菜 2 个类型。

（1）白梗菜　株高 20～60 厘米，叶片绿或深绿，有板叶、花叶之分。依叶柄长短分为以下 3 类：

①高桩类（长梗种）：株高 45～60 厘米或以上，叶柄与叶身长度之比小于 1。株型直立向上，幼嫩时可鲜食，充分成长后，纤维稍发达，供腌制加工。优良农家品种如南京的高桩、武汉及合肥的箭杆白，杭州的瓢羹白（扁梗型）、苏浙皖的花叶高脚白菜（圆梗型）。

②矮桩类（短梗种）：株高 25～30 厘米或以下，叶柄与叶身之比等于或小于 1。品质柔嫩甜美，专供鲜食。优良农家品种如南京矮脚黄、武汉矮脚黄、广东矮脚、乌叶白菜、江门白菜（扁梗型）、常州白梗（半圆梗型）等。

③中桩类（梗中等）：株高介于长梗与矮梗之间，鲜食、腌制兼用，品质亦介于两者之间。如南京二白、广东中脚和高脚黑叶（佛山乌叶白菜的二品系）、淮安瓢儿白（以上为扁梗型）、云南蒜头白、赣榆构头菜（半圆梗）等。

（2）青梗菜　叶的变异繁多，多数为矮桩类，少数为高桩类，叶片多数为肥厚板叶，少数为花叶，叶色浓绿。叶柄色淡绿至绿白，有扁梗、圆梗之别。品质柔嫩，有特殊清香味，逢霜雪后品质更佳，主要作鲜菜供食。优良农家品种如上海矮箕白菜、中箕白菜、杭州早油冬、苏州青、贵州瓢儿白（扁梗型）、圆梗或半圆梗型的扬州大头矮、常州青梗菜等。

（3）乌塌菜　又称塌菜、塌棵菜、黑菜等，主要分布在长江流域、淮河流域一带，以江苏、安徽、上海、浙江等地栽培普遍，耐寒性较强，有些地区将其作为蔬菜春缺的供应品种。按叶形、颜色可分为乌塌菜和油塌菜。一般按株形分为塌地和半塌地两个类型。

①塌地类型：又称矮桩型。植株塌地，与地面紧贴，平展生长，八叶一轮，开展度 20～30 厘米，中部叶片排列紧密，隆起，中心如菊花心。叶椭圆或倒卵形，墨绿色。叶面微皱，有光泽，全缘，四周向外翻卷。叶柄浅绿色，扁平，生长期较长，单株重0.2～0.4 千克。主要品种如上海大八叶、中八叶、小八叶，常

州乌塌菜、黑叶油塌菜等。

②半塌地类型：也称高桩型。植株不完全塌地，叶丛半直立，植株开张角度与地面成 40°。主要品种如南京瓢儿菜，上海、杭州塌棵菜，安徽黄心乌，成都和昆明乌鸡白等。

2. 春小白菜 植株多开展，少数直立或微束腰，中矮桩居多，少数为高桩。长江中下游地区多在 3～4 月抽薹，又称慢菜或迟白菜。一般在冬季或早春种植，春季抽薹之前采收，供应鲜食或加工腌制。具有耐寒性强、高产、晚抽薹等特点，唯品质较差。按其抽薹时间早晚，即供应期不同，又可分为早春菜与晚春菜。

(1) 早春菜 因其主要供应期在 3 月份，又称"三月白菜"，是优良的农家品种。属于青扁梗型的有杭州半早儿、晚油冬、上海二月慢、三月慢；属于青圆梗型的如南通马耳头、淮安九里菜；属于白扁梗的如南京白叶、白圆梗型的如无锡三月白等。

(2) 晚春菜 在长江中、下游地区冬春栽培的普通白菜，多在 4 月上中旬抽薹，主要供应期在 4 月份（少数晚抽薹品种可延至 5 月初），故俗称"四月白菜"。白扁梗型如杭州蚕白菜、南京四月白、南通鸡冠菜、长沙迟白菜；白圆梗型的如无锡四月白、如皋莱蕻子；青扁梗型的如上海四月慢、五月慢，安徽四月青；青圆梗型的如东四月青、舒城白乌等。

华南地区的春白菜品种，在广州一般 11 月至翌年 3 月份种植，1～5 月份供应。冬性较强，抽薹较迟，春化特性相当于长江中、下游的三月白类型。生长期相对较短，均为白扁梗类型，如水白菜、葵蓬白菜、赤慢白菜、春水白菜等。

3. 夏小白菜 5～9 月份夏秋高温季节栽培与供应的小白菜，又称火白菜、伏白菜。直播或育苗移栽，以幼嫩秧苗或成株供食用。具有生长迅速、抗高温、暴雨、大风和病虫等抗逆性强的特点。杭州、上海、广州、南京等地有专供高温季节栽培的品种，如杭州的火白菜、上海火白菜、广州马耳菜。但一般均以秋冬小白菜中生长迅速、适应性强的品种用作夏白菜栽培，如南京的高桩、二白、矮杂 1 号，扬州的花叶大菜，杭州的荷叶白，广州的佛山乌、坡头、北海白菜等。

（二）小白菜常见品种

1. 矮脚黄　南京市优良地方品种。植株较小，直立，束腰，叶丛开张，叶片宽大呈扇形或倒卵形，叶色浅绿，全叶略呈波状，全缘，叶缘向内卷曲。叶柄白色，扁平而宽。适应性强，耐热力中等，耐寒性强，春夏抗白斑病较差，抽薹较早。纤维少，质地柔嫩，味鲜美，品质优良，宜熟食，适应秋冬栽培。单株重 0.5～0.7 千克。武汉矮脚黄、湘潭矮脚白为类似品种。

2. 上海慢菜　上海市郊地方品种。依抽薹早晚经长期定向选择培育而成的春白菜品种有二月慢、三月慢、四月慢、五月慢。每个品种又依叶色深浅分为黑叶与白叶 2 个品系。各种慢菜的形态特征基本相似，株型直立、束腰。叶片卵圆或椭圆形。叶柄绿白至浅绿色，扁梗，基部匙形。单株 0.5～0.7 千克。耐寒性强，产量较高，品质较好，尤以四月慢、五月慢集耐寒、抽薹迟、产量高的特点，成为各地引种弥补春淡的优良品种。

3. 矮箕青菜类　上海市郊地方品种。植株直立，株型矮小。叶片绿色，叶柄浅绿色，宽而扁平，呈匙形。束腰紧，基部肥大，质地柔嫩，味甘适口，品质优良。其代表品种如下。

（1）新选 1 号　又名马桥青菜。叶片较薄，生长较快，较耐热，耐病毒病，作夏白菜栽培，亦可作秋季栽培。

（2）红明青菜　又名七一青菜。株型矮小，紧凑，束腰拧心，商品性好，品质优良，耐病毒病，耐寒力中等，前期生长较慢。作早秋季栽培。

（3）605 青菜　上海市宝山区彭浦乡农科站选育而成。植株直立，叶卵圆形，叶片大，淡绿色，生长势较强，品质亦佳。耐病毒病，在秋季高温多雨期间，易感染软腐病。

4. 箭杆白　又称高桩。南京市郊优良地方品种。植株直立，叶片长椭圆形，先端较尖，绿色。叶柄扁而长，白色。生长势强，较耐热，但耐寒性弱，品质中等。作夏秋菜栽培，充分长成后宜作腌菜。单株重1千克，大的可达1.5～2千克。生长期90～100天。武汉、合肥等地的箭杆白及芜湖高杆白菜为近似的品种。

5. 佛山乌白菜　株型直立，束腰。叶片圆形，深绿色，叶面微皱，有光泽，全缘。叶柄白色，半圆形。单株重0.4～0.5千克。按叶柄长短又可分为矮脚黄、中脚乌、高脚乌3个品系。耐热性强，但不耐寒，适于早秋及夏季栽培。

6. 杭州油冬儿　杭州市郊地方品种。植株较矮小，直立，叶片排列紧凑，基部膨大，束腰明显。叶片椭圆形，深绿色，全缘，叶面光滑。叶柄中肋肥厚，浅绿色，叶背、叶柄皆有蜡纸。耐寒，形美，质糯、味甘，品质优良，可作秋季栽培。

7. 苏州青　苏州地方品种。植株直立，束腰，较矮。叶短椭圆形，叶色深绿，叶面平滑，有光泽，全缘。叶柄绿色，扁梗。较耐热，抗病性较弱，质嫩筋少，品质好。

8. 蚕石白菜　又名剥皮白菜。江西省南昌县上岗乡蚕石村农家品种。以剥叶生产为主，再生力强，适应性强，较耐寒、耐热和耐旱。叶片大，叶柄宽，产量高，品质好。自9月下旬剥叶可延续采收到翌年2月。

9. 青帮白菜　北京市地方品种。株高35厘米，开展度45厘米×45厘米。叶片近圆形，正面深绿色，背面绿色，叶面平滑，稍有光泽。叶柄较狭长而厚，浅绿色。叶片及叶柄表面均有蜡粉。耐寒、抗病、耐藏。适于春秋栽培。

10. 白帮白菜　北京市地方品种。株高40厘米，开展度45厘米×45厘米。叶片椭圆形，正面绿色，背面灰绿色，叶面平滑。叶柄较宽而薄，白色。叶片、叶柄均有蜡粉。叶质柔嫩，纤维少，品质较好。耐寒性、抗病性不及青帮白菜，其他特点与青帮白菜相同。

11. 矮杂 1 号 南京农业大学园艺系与南京市蔬菜研究所1985 年协作育成。以矮脚黄雄性不育两用系作母本和矮白梗杂交育成的一代杂种。植株直立，束腰。叶片广卵圆形，叶淡灰绿色，叶肉较厚。植株生长势强，生长迅速。较抗高温、暴雨，抗炭疽病、病毒病，产品纤维少，组织柔嫩，但不抗软腐病，耐寒力弱，味较淡。适宜在淮河以南种植，作夏白菜栽培。

12. 矮杂 3 号 南京农业大学园艺系与南京市蔬菜研究所1985 年育成的一代杂种。株型直立，束腰，株高 35 厘米左右，开展度 45 厘米×50 厘米。叶数多而肥大，叶色深绿至墨绿，叶面皱缩。叶梗扁平较宽，绿白色。品质优良，耐寒，较耐霜霉病和病毒病，抽薹迟，冬性强。适于秋播。

13. 矮抗青 (E78 - 04) 上海市农业科学院园艺研究所 1983年育成的新品种。株型紧凑，箕矮束腰，生长整齐一致。叶绿色，叶脉细。叶柄淡绿色，扁平而厚。肉质细嫩，口味鲜美，品质优良，商品性好。较抗病，耐寒性中等，耐热性弱。一般适宜作秋季栽培，为上海市郊秋季栽培的主要品种之一。

14. 热抗青 江苏省农业科学院蔬菜研究所选育的一代杂种。叶色深绿，叶片大而圆，叶柄绿色，宽、厚、扁，叶片、叶柄比值大；抗逆性强，耐热性强，长势旺，移栽成活率高，产量高，品质好。可作漫棵和栽棵菜栽培。

15. 青抗 1 号 江苏省常州市蔬菜研究所 1997 年选育的新品种。植株基部膨大，抱合紧，呈束腰状。抗病性较强，适应性强，不易早衰。商品性好，口感柔嫩。适宜作晚秋栽培和越冬栽培。

16. 华冠青梗菜 日本引进品种。整齐度良好，耐热性强，叶柄宽，株型较矮。叶长圆，浓绿色。对各种生理障碍忍耐性强。

17. 绿星青菜 南京市种子站 2001 年选育的一代杂种。绿梗、绿叶，株高 30 厘米，叶 17～20 片，单株重 200～250 克。

叶片绿色，卵圆形，叶柄绿白色。菜头大，束腰紧，外形优美，商品性好。适宜夏、秋栽培。

18. 乌塌菜 江苏省常州地方品种。植株塌地，株形较大。叶椭圆形或倒卵形，墨绿色。叶面微皱，有光泽，全缘，四周向外翻卷，叶柄浅绿色，扁平，生长期较长，单株重 0.4 千克左右。

19. 塌棵菜 上海市郊区地方品种。植株矮，株型塌地，叶簇紧密，八叶一轮，环生，故名八叶种。叶片近圆形，全缘略向外翻卷，叶色深绿，叶面皱缩。叶柄浅绿色，扁平。耐寒力较强，经霜后品质为佳。依熟性和植株大小可分为 3 个品种，即小八叶、中八叶和大八叶。小八叶叶片重叠，排列紧密，中心叶如菊花，生长期约 70 天，早熟，单株重 0.2 千克左右，产量较低，纤维少，品质最佳。大八叶株形较大，生长期较长，晚熟，产量较高，单株重 0.5 千克左右，纤维稍多，品质稍差。中八叶的植株形态介于小八叶和大八叶之间，生长期 80 天左右，单株重 0.35 千克，抗寒能力强，含纤维较少，品质较好。目前栽培比较普遍。

20. 瓢儿菜 又名乌菜、菊花菜。江苏省南京地区著名的地方品种。江苏、安徽等地均有栽培。植株半塌地，株高 20～26.5 厘米，开展度约 40 厘米。耐寒力强，品质佳，商品性好。其类型和品种较多，著名的有 2 个。

菊花心瓢儿菜：依外叶色泽又可分为 2 种。一种外叶深绿，心叶黄色，成长植株抱心。单产较高，较抗病，如六合菊花心。另一种外叶绿色，心叶黄色，成长植株抱心。生长较快，抗病力较差，单产较高，如徐州菊花心。

黑心瓢儿菜：叶圆形，整株叶片深绿或墨绿色，生长速度快，耐寒性强，抗病。品种有六合黑心、淮阴瓢儿菜，合肥、淮南的黑心乌亦与其相似。

21. 安徽乌菜 安徽各地栽培的品种。类型很多。植株外叶塌地生长，心叶不同程度卷心，叶片厚，全体暗绿，叶面有泡皱和刺毛，叶柄宽而短。耐寒性强，在江、淮地区能够露地越冬。其熟性不同，抽薹期不一，早熟的3月上中旬抽薹，迟熟的5月上中旬抽薹，为冬、春供应的蔬菜。

（1）黄心乌　乌菜的代表品种。在淮河沿岸的寿县、怀远栽培最多。品种较纯，品质最佳。株型矮小，植株塌地，暗绿色，叶片10～20枚，叶面有均匀瘤状皱缩，叶柄白色。心叶成熟时变黄，分成10～20层，圆柱形，紧抱坚实，柔嫩多汁，质脆味甜，单株重0.5～1千克。适宜在安徽、江苏等地种植，为安徽省1～2月份的当家品种。

（2）黑心乌　乌菜的当家品种。以安徽省合肥和淮南栽培的最佳。植株较大，成熟时心叶不变黄，单株重1.5千克左右。其分布仅次于黄心乌。

（3）宝塔乌　安徽省肥东地区优良品种。株型较小，外观与黄心乌相似。成熟时，心叶卷起，层层叠高呈圆锥形，中部高10厘米左右，纯黄色，其顶端3～4片叶的叶周变成绿色，形态更为美观，品质柔嫩。

（4）紫乌　安徽省合肥地方品种。叶片长卵形，叶柄较长，分为白柄和绿柄2种类型。叶片无卷心倾向，是合肥晚春供应的白菜品种之一。晚熟，抽薹迟，于4月上中旬抽薹。

（5）白乌　安徽省肥西地方品种。植株高大，叶色较淡，泡皱较疏。晚熟，4月上中旬抽薹，晚春供应，单株重2千克左右。

三、小白菜栽培季节和栽培方式

小白菜的消费特点，一是供应与消费时间长，二是对商品性状要求严格。在中国南方的很多城市依据当地的气候条件及市场消费习惯形成了一整套能周年生产的品种组合，不宜随意变换，这一点在扩大品种应用范围时要适当注意。为实现白菜的周年生产，在不同的季节选用适宜的品种，这是栽培成功的关键。首先，要考虑品种的发育特性。例如冬春栽培宜选冬性强的晚抽薹春小白菜品种，若用冬性强的品种栽培，极易先期抽薹开花，产量极低。但春季平均气温在 12～15℃ 以上，天气转暖后，则可选用冬性弱的秋冬小白菜品种。其次，要考虑品种的适应性。对病虫害的抗性，品种间差异极大，要注意选择具有多抗性、适应性广的类型品种。当前，要着重选择抗高温、抗暴雨、抗低温、抗病及晚抽薹品种，并采取相应的遮阳网、防虫网、防雨棚覆盖等农业技术措施，才能确保小白菜周年均衡生产。

小白菜品种多，对外界环境的适应性广，在营养生长期间，不论植株大小，均可收获，扩大了栽培季节，可以周年生产供应。栽培上一般分为以下三个栽培季节。

(一)秋冬小白菜栽培

秋冬小白菜为最主要的生产季节。一般是育苗移栽，长江、淮河中下游地区 8 月上旬至 10 月上中旬播种，华南地区一般9～10 月至 12 月陆续播种，分期分批定植，陆续采收供应至翌春 2 月份抽薹开花为止。如武汉和南京的矮脚黄，上海的矮箕、中箕白菜，杭州的早油冬，广州的江门白菜和佛山乌叶等，均宜在此期内分期播种、栽植和采收。生长期随不同地区气候条件而异，江、淮中下游地区多在寒冬前采收完毕。早播的定植后约 30 天，迟播的 50～60 天才能采收。华南地区定植后 20～40 天即可收获。但产量、品质在江、淮中下游地区宜于处暑至白露间播种，秋分定植，小雪前后采收腌制，质量最佳。所谓"秋分种菜小雪腌，冬至开缸吃过年"，就是指腌白菜的严格栽培季节。耐寒性较强的一些青梗菜均适宜于 9 月中下旬播种，30 天苗龄定植，至春节前后供应。

(二)春小白菜栽培

这个季节生产的小白菜有"大菜"（或称"栽棵菜"）和"菜秧"（有的叫"小白菜"、"鸡毛菜"等）之分。大菜是在前一年晚秋播种，以小苗越冬，次春收获成株供应，江淮中下游地区适宜播期 10 月上旬至 11 月上旬，华南地区可延至 12 月下旬至翌年 3 月。小白菜是当年早春播种，采收幼嫩植株供食，其供应期为 4～5 月份。但江淮中下游地区春分后播种的亦可移植作"大菜"栽培供应。

（三）夏小白菜栽培

以栽培"菜秧"（或称鸡毛菜等）为主，自 5 月上旬至 8 月上旬，随时可以播种，播后 20～25 天收获幼嫩植株上市。其中，7 月中下旬至 8 月上旬播种的，经间苗上市一批小白菜，或将间出的苗定植到大田，为早秋白菜；留在原地长大的成株上市供应，称为早汤菜或原地菜、漫棵菜（不同地区称呼不一）。

（四）乌塌菜栽培

根据乌塌菜对外界环境条件的要求，江南地区躲在晚秋播种育苗，春节前后收获。但生长缓慢、产量较低。各地应根据本地区不同的气候条件来安排栽培季节。长江流域一般于 9 月份播种育苗，日历苗龄 30 天，长出 6～7 片叶，10 月份移栽，12 月到翌年 3 月可随时收获。华北地区可于 8 月播种育苗，日历苗龄 30 天，长出 5～6 片叶，9 月份移栽，11～12 月收获。熟性不同的品种，应先后适当错开播种期，以延长供应的时间。

在病虫害严重地区，小白菜应特别注意轮作，一般和瓜类、豆类、根菜类或大田作物轮作，并注意冻垡晒垡。连作必须增施有机肥，注意早耕晒白，加强病虫防治。小白菜间套混作制度比较普遍，常见的如春菜秧或春栽青菜与茄果类、瓜类、豆类、薯类间套作；夏秋小白菜与芹菜、胡萝卜混播；秋季早秋小白菜与花椰菜、甘蓝、（秋）马铃薯、韭菜、枸杞等间作；冬季与春甘蓝、莴笋等间作。此外，还可利用果园、桑园与麦地间作解决早春缺菜问题。利用不同品种或同一品种在一个地区范围内排开播种，分期上市，达到周年供应。这是小白菜多茬（次）作栽培制度的重要特点。

四、小白菜设施高效栽培技术

（一）秋冬小白菜高效栽培技术

1. 播种育苗　小白菜生长迅速，生长期短，可直播，也可育苗。秋冬季栽培小白菜，一般都育苗移栽。苗床地宜选择未种过同科蔬菜、保水保肥力强、排水良好的壤土。前茬收获后要耕晒垡，尤其是连作地，更要注意清洁田园、深耕晒土，以减轻病虫危害。一般每公顷施 30 000～45 000 千克粪肥作基肥。南方雨水多，苗床宜作深沟高畦。

播种应掌握匀播与适当稀播，密播易引起徒长，提早拔节，影响秧苗质量。播种量依栽培季节及技术水平而异。秋季气温适宜，每公顷苗床播 11.25～15 千克。秋冬季育苗系数（大田面积与苗床面积之比）为 8～10：1。

播种后浅耧镇压。适期播种的白菜种子 2～3 天即可出苗。出苗后要及时间苗，防止徒长，一般进行 2 次，最后一次在 2～3 片真叶时进行，苗距 5～7 厘米。苗期水肥管理，要看土（肥力与土质）、看苗、看天灵活掌握，并注意轻浇勤浇。此外，要注意苗期杂草与病虫害防治，尤其要治蚜、防病毒病。

秋冬季气温适宜，幼苗苗龄可稍大，一般不超过 25～30 天，华南地区苗龄相应要短些，可 20 天左右。栽植前苗床需浇透水，以利拔苗。

2. 大田土壤耕作　栽植小白菜的土地一年中要进行 1～2 次深耕，一般耕深 20～25 厘米，并经充分晒土或冻土。如由于条件限制不能冻土、晒土，也要早耕晒垡 7～10 天。晒地的田块，移栽后根系发育好，病虫少，发棵旺盛。

秋季作腌白菜栽培的，栽植前约一周，每公顷施腐熟粪肥 52 500～60 000 千克做基肥，作鲜菜栽培的每公顷施 22 500～30 000 千克或施有机生物肥 750～1 250 千克。

3. 栽植　大多数小白菜品种适于密植。密植不仅增加单产，且品质柔嫩。病毒病严重的地区或年份，大幅度提高密度尤为必要。具体栽植密度依品种、季节和栽培目的而异。开展度小的品种，采收幼嫩植株供食或非适宜季节栽植，宜缩小栽植距离。如杭州油冬儿 7 月播种，8 月上旬栽植，栽植株行距 20 厘米×20厘米，每公顷约 195 000 株；9 月上旬播种，10 月上旬定植，气候适宜，栽植株行距 25 厘米×25 厘米，每公顷 112 500～120 000株。

腌白菜一般植株高大，叶簇开展，栽植距离应较大，使植株充分成长，一般 33 厘米见方，每公顷 75 000～90 000 棵。

栽植深度因气候土质而异，早秋宜浅栽，以防深栽烂心；寒露以后，栽植应深些，可以防寒。土质疏松可稍深，黏重土宜浅栽。

4. 田间管理　要注意栽植质量，保证齐苗，如有缺苗、死苗发生，应及时补苗。中耕多与施肥结合进行，一般施肥前疏松表土，以免肥水流失。

小白菜根系分布浅，根群多分布在土壤表层 8～10 厘米范围，吸收能力低，对肥水要求严格，生长期间应不断供给充足的肥、水。多次追施速效氮肥，是加速生长、保证优质丰产的主要环节。氮肥不足，植株生长缓慢，叶片少，基部叶易枯黄脱落。速效性液态氮肥从栽植至采收，全期追肥 4～6 次。一般从栽植后 3～4 天开始，每隔 5～7 天一次，至采收前约 10 天为止，随植株生长，肥料由淡至浓，逐步提高。江苏、浙江、上海等地多在栽植后施农家有机液肥，以后隔 3～4 天施一次，促进幼苗发根、成活，幼苗成活转青后，施较浓的肥。开始发生新叶时，应中耕，然后施用同样浓度的液态氮肥 2 次，并增加施肥量。栽后 15～20 天，株高 18～20 厘米时，施一次重肥。其中腌白菜品种生长期长，要施 2 次重肥，第一次栽后 15～20 天，另一次在栽后 1 个月，每公顷施腐熟粪肥 15 000～22 500 千克或尿素 150～225 千克，以供后期生长。采收前 10～15 天应停止施肥，使组织充实，否则，后期肥水过多，组织柔嫩，不适宜作腌制原料。

总结各地农家施肥经验的共同点：一是栽植后及时追肥，促进恢复生长；二是随着小白菜个体的生长，增加追肥浓度和用量。施肥方法、时期、用量，则依天气、苗情、土壤状况而异，一般原则是幼株、天气干热时，在早晨或傍晚浇泼，施用量较少，浓度较稀；天气冷凉、湿润时，采用行间条施，用量增加，浓度较大，次数可少。广州菜农经验：天气潮湿、闷热，追肥不宜多，否则诱发病害和烂菜；凉爽天气，小白菜生长快，则宜多施重施。

小白菜灌溉一般结合追肥进行。通常栽植后 3～5 天内不能缺水，特别是早秋菜栽培，下午栽后浇水，至次日上午再浇一次，连续浇 3～4 天后才能活棵。冬季栽菜，当天即可浇稀的液态氮肥，过 2～3 天后再浇一次即可。随着灌溉技术的提高，小白菜宜以多施有机肥和有机生物肥做基肥为主，后期适当追施化肥，配合喷灌新技术进行叶面施肥，以保证小白菜产品清洁、质优、高产。

5. 病虫害防治　小白菜的病虫害与大白菜基本相同，可参照其防治方法。其中病毒病发生普遍，为害严重，其综合防治措施：一是选用抗病品种；二是苗床地选择排水良好、不积水、不连作的地块；三是培育无病壮苗，提高秧苗素质，苗床覆盖防虫网，在幼苗期使用银灰色或乳白色反光塑料薄膜或铝光纸避蚜传毒；四是提高耕作水平，如改连作为轮作，改浅耕为深耕，改不晒垡、冻垡为抓紧换茬间隙早耕晒白，重视清洁菜园；五是加强肥水管理，栽植时避免损伤幼苗根系，提高栽植质量，增强植株抗病毒性能。实行密植，早封垄，适时早采收，也有减轻病毒病造成损失的效果。

6. 采收　小白菜的生长期依地区气候条件、品种特性和消费需要而定。长江流域各地秋茬小白菜栽植后 30～40 天可陆续采收。早收的生育期短、产量低，采收充分长大的，一般要50～60天。华南地区自播种至采收一般需40～60天。采收的标准是外叶叶色开始变淡，基部外叶发黄，叶簇由旺盛生长转向闭合生长，心叶伸长平菜口时，植株即已充分长大，产量最高。秋白菜因成株耐寒性差，在长江流域宜在冬季严寒季节前采收；腌白菜宜在初霜前后收毕。收获产品外在质量标准要求鲜嫩、无病斑、虫害、无黄叶、烂斑。采收时间以早晨和傍晚为宜，按净菜标准上市。

（二）春小白菜高效栽培技术

1. 选择适宜的品种　栽培春小白菜要选择冬性强、耐寒性强和产量高的品种，否则极易受冻害和先期抽薹，严重影响产量。

2. 保护地防寒育苗　春小白菜栽培一般都育苗移栽，冬春由于低温寒流影响，生长缓慢，易通过春化阶段而早抽薹，可利用大、中、小棚进行防寒育苗。选避风向阳地块作苗床，前茬收获后要深耕晒垡，尤其是连作地，更要注意清洁田园、深耕晒土，以减轻病虫违害。除每公顷施30 000～45 000千克粪肥做基肥外，宜增施发热量大、充分腐熟的厩肥等有机肥，以提高土温。

播种应掌握匀播并适当稀播，密播易引起徒长，提早拔节，影响秧苗质量，冬季还影响抗寒力。播种量为每公顷22.5～37.5千克，播种后浅耧镇压。据广州菜农经验，冬春小白菜播后种子萌动期间如遇低温，就会通过春化引起幼苗提早抽薹，造成减产。因此，须掌握播种时机，在冷尾暖头，抢时间下种，切忌在寒潮前或寒潮期间播种。如播种后遇寒潮袭击，当地有覆盖稻草保温的习惯。春播的苗龄需40～50天。华南地区苗龄相应要短些，约30～35天为宜。

3. 栽培管理要点　春小白菜因植株易抽薹，栽植密度较其他季节栽培要大，每公顷可增加到180 000株以上。春小白菜长江中、下游地区宜在 12 月上旬栽完。过迟，因气温下降，不易成活，易受冻害；也可延至翌年 2 月中旬温度升高后栽植。

防止先期抽薹是春小白菜田间管理的重点，应在冬前和早春增施肥料，要保证营养条件良好，使植株加速生长。增施氮肥也可延迟抽薹，提高产量，延长供应期。

春小白菜应赶在抽薹前及时收获上市。

(三) 夏季速生小白菜高效栽培技术

夏季速生栽培的小白菜又称菜秧、鸡毛菜、小汤菜、细菜等，是利用小白菜幼嫩植株供食用。主要栽培季节在 6～8 月的高温时期。夏季速生栽培的小白菜生长周期短，可充分利用夏闲土地，缓解蔬菜伏缺矛盾，调节市场淡季供应，是农民和政府部门提倡的一季栽培茬口。但夏季高温高湿，且常常遇到台风、暴雨、虫害等自然灾害，给小白菜生产带来一定的难度，生产上死苗、烘苗等带来的减产甚至绝收比较突出。

1. 品种选择 夏季小白菜栽培，高温、暴雨是影响生长的主要因素。在栽培上首先应选抗热、抗风雨、抗病、生长迅速的品种，如华王、耐热 605、火白菜、火青菜、绿星、热抗青、马耳菜 (广东)、上海青 (武汉)、矮脚黄 (武汉) 等。

2. 精细播种 夏季速生小白菜栽培宜选用保水、排水性较好的沙壤土，前茬以毛豆、菜豆、黄瓜等为宜。整地前先清洁田园，翻耕晒白。畦面不求太细但要平整，为了防止雨后积水，要做到畦平、沟直，畦面土壤上粗下细，畦四周要筑畦埂，便于浇水。

浇足底水后，分批播种，一般亩用种量 1～2 千克。适当增加播种量可减少自然灾害影响。播后浅耙，并于早晚各浇一次水，以利出苗。如果天气十分干旱，宜催芽后播种，即播种前一天浸种 6～8 小时后，将种子在阴凉处晾开，再经 10 小时种子微露芽后于傍晚播种。播种后如遇阵雨而种子还没有萌发，雨后应立即浅耙，防止地面板结，以利出苗，也可再播一些种子。播种后用遮阳网覆盖，以利降温、保湿、保齐苗。出苗后遮阳网用棚架或竹片支起，要晴盖阴不盖，昼盖夜不盖，并根据天气情况灵活管理。

3. 田间管理　夏季小白菜生长周期短，根系分布浅，吸收能力弱，叶面蒸腾量大，要获得高产、稳产，必须加强肥水管理。由于前茬为春播作物，一般基肥比较充足，因此基肥以有机复合肥为主，追肥以速效氮肥为主，适当增施人粪尿或叶面肥，要视苗情小肥大水，早施勤施。采收前一周停止施肥。

夏季浇水，掌握天凉、地凉、水凉的原则，以傍晚浇水为宜。从播种到出苗每天要浇一次水，播种齐苗后，一般视天气和土壤墒情补充水分。沟灌时避免漫过畦面。生产过程中，间苗要及时，根据天气情况掌握密度，雨后要稍稀，以利通风，天气干旱时稍密，以利遮阴。

据试验，夏季利用 20～22 目防虫网覆盖和遮阳网、防雨棚栽培小白菜，可增产 20%～30%。通常利用大棚骨架或设置帐式纱网栽培，其技术要点：于 7 月高温期网内避免浇水过量，宁干勿湿，以防不通风、高湿、高温诱发烂秧死苗。晴热夏季宜选用遮光率 50%～60% 的黑色网。

4. 病虫害防治　高温季节小白菜的病虫害多，尤其是蚜虫、菜青虫、小菜蛾、软腐病等，要勤检查，早防治。防治的关键期有 2 次：第一次在 3 叶期，第二次在采收前一周。生长中期应该视情况防治 1～2 次。目前主要推广使用的高效低毒低残留农药有艾美乐、锐劲特、杀虫素、海正三令、奥绿 1 号、除尽、井岗霉素、多抗霉素等。喷药应在早晨和傍晚进行，采收前一周停止用药；要多种农药交替使用，同时结合杀虫灯、防虫网等进行综合防治。

5. 采收　夏季速生小白菜从播种至采收上市，一般为 20～25 天，具体采收时期应根据市场价格决定提前或延后采收。遇灾害性气候要及时采收，以免减产等损失。

(四) 防虫网覆盖无公害栽培小白菜

防虫网是一种新型覆盖材料,它既有遮阳的优点,又有防虫的功能。防虫网覆盖栽培是近年来大力推广的越夏蔬菜高产优质低耗栽培技术之一。近年来防虫网覆盖栽培已广泛普及,几乎全年各季节均有应用,效益良好。

1. 防虫网覆盖栽培的特点

(1) 防虫防病　夏秋季节露天栽培小白菜,菜青虫、小菜蛾、蚜虫等多种害虫并发,覆盖防虫网后,可有效杜绝害虫侵入和切断害虫传播途径,防虫效果良好,并可减少害虫带来的病害危害。

(2) 防暴雨冲刷　防虫网网眼小、强度高,防暴雨冲刷效果十分显著。

(3) 经济效益高　防虫网遮光保湿性好,网内栽培比露天栽培叶片色泽嫩绿、纤维少、无虫眼病斑、品质好、商品性佳,且无农药污染,受消费者喜爱,市场价格高。

(4) 节约成本　防虫网覆盖后,小白菜全生长期可不打农药,节省农药成本和用工成本。

(5) 副作用　防虫网阻碍了空气流通,高温季节网内温度较高、湿度较大,控制不好会造成徒长、烂菜等现象。通风不良、光照不佳还会造成蔬菜叶片变薄,色泽变淡,产量下降。

若未能控制好病虫害或外界昆虫进入,网内适宜的小气候造成某些害虫大量繁殖,且不能逃脱,网内虫害会更加严重,防虫网变成养虫网。

2. 防虫网覆盖栽培技术要点

(1) 选择适宜规格的防虫网　防虫网的规格是指目数、丝径、颜色、幅宽等。生产上较为适宜小白菜生产的防虫网目数为20~40目,颜色以白色为宜。

(2) 防虫网常见覆盖形式

立柱平网覆盖:利用钢架或水泥立柱搭建平棚网室,再用防虫网覆盖并固定。可用于大面积生产。

大棚覆盖：利用原有大棚，将防虫网直接覆盖在棚架上，四周用土或砖压严压实。棚顶压线要绷紧，以防强风掀开。平时进出大棚要随手关门，以防害虫飞入棚内产卵。

小拱棚覆盖：将防虫网覆盖于小拱棚的拱架上，之后浇水直接浇在网上，一直到采收不揭网，实行全封闭覆盖。夏秋栽培小白菜，因其生育期短，采收相对集中，可用小拱棚覆盖栽培。

（3）覆盖前进行土壤消毒和化学除草　种植前要杀死残留在土壤中的害虫、虫卵和病菌，切断病虫的传播途径，要将防虫网四周压实，防止害虫潜入产卵繁殖。

（4）实行全生育期覆盖　防虫网遮光不多，不需要日揭夜盖或晴盖阴揭，应从播种到采收全程覆盖。

（5）品种选择　利用防虫网覆盖栽培小白菜，应根据各地消费习惯、栽植目的（菜秧、漫棵、栽棵菜）不同而选用不同品种。一般宜选用耐热、耐湿、生长速度快、抗逆性强的品种。

（6）栽培季节　长江中下游及以南地区4～11月采用防虫网覆盖栽培，直播、移栽均可；也可利用现有大棚春夏菜换茬，于6月中下旬至9月上中旬采用防虫网覆盖，直播小白菜。

（7）水分管理　及时浇水，浇水要匀、透，畦面、过道不积水，保证出苗整齐。

小白菜生长期间根据土壤、植株长势及天气情况，适时浇水。春秋季气温低时，晴天午后浇水。夏季高温时期傍晚前后浇水。有条件的地区可推广应用微滴（喷）灌技术。微管喷灌对蔬菜生长有良好的作用，可使小白菜植株增高，开展度加大，叶片数增加，产量大幅度提高。

苏南沿江地区梅雨季节、夏秋高温暴雨季，雨水较多，要注意清沟理墒，雨后及时排除田间积水，防止高温高湿烂菜。有条件的地区，7～8月份可在防虫网顶部加盖一层遮阳网，降温效果较好。

（8）网棚管理　严格检查网顶、网壁、棚门有无破损，及时修补完善，以免破口越撕越大，确保网室内无害虫侵入。平时田间管理时工作人员进出要随手关门，以防蝶、蛾等害虫飞入棚内产卵。菜叶与网纱应保持一定的空间距离，以防害虫钻入或隔网产卵于叶片。小白菜会吸引害虫于网纱上产卵，孵化后的幼虫易钻入网内造成危害，须经常清理网纱。

（9）综合配套措施　结合施用无公害有机肥，应用生物农药、无污染水源等综合配套措施，以获得更佳的效果，最终生产出合格的无公害小白菜。

（10）采收上市　伏菜秧自出苗后 20～25 天可以陆续采收，栽棵菜一般在定植后 20～25 天采收。采收最好选择在凉爽的清晨或傍晚进行，收获后要及时遮盖，防止失水萎蔫，影响品质。

（五）遮阳网在小白菜无公害生产中的应用

遮阳网又称遮光网，是近年来推广的一种新型保护覆盖材料。夏季覆盖后可起到挡光、挡雨、保湿、降温的作用，冬春季覆盖后有一定的保温、增湿作用。将遮阳网与大棚结合起来，对大棚蔬菜夏季早秋的育苗及栽培可起到很好的作用。

1. 遮阳网的作用　一是遮强光、降高温，遮阳网一般遮光率可达 35%～75%，具有显著的降温效果；二是防暴雨、抗雹灾；三是减少蒸发、保墒防旱；四是保温、防寒、防霜冻，冬春季节夜间覆盖可比露地提高气温 1～2.8℃；五是避害虫、防病害，利用银灰色遮阳网覆盖，避蚜效果可达 88.8%～100%，防病效果 88.9%～95.5%。

2. 遮阳网的种类　遮阳网有黑色、白色、银灰色等几种。根据覆盖形式可分为大棚内覆盖和大棚外覆盖。大棚内覆盖一般距离地面 1～1.5 米。大棚外覆盖又可分为单网覆盖、网膜结合覆盖、棚外四周覆盖 3 种。单网覆盖是利用大棚棚架作支架覆盖，网膜结合覆盖避雨效果好，大棚四周覆盖一般应用于早春夜间保温。

3. 遮阳网在小白菜生产中的应用

（1）夏季育苗　用遮阳网覆盖进行夏季育苗，可达到出苗早、成苗率高的效果。一般成苗率可提高 40％，种苗质量提高 50％。

（2）早秋栽培覆盖　对早秋定植的小白菜，定植后覆盖遮阳网，可起到遮光、保墒、缩短缓苗期，加速缓苗的效果，减轻病害，提早播种。

（3）覆盖与揭网　播种到出苗前浮面覆盖，不须揭网，但出苗后傍晚应及时揭网。移苗、定植后至缓苗前也可浮面覆盖，但应进行日盖夜揭管理。出苗及缓苗后应进行棚架覆盖。

（六）小白菜营养液膜水培技术（NFT）

小白菜因其株形小、生长期短、丰产性好、管理简单，一年四季均可栽培，是比较适合水培的蔬菜作物之一。水培小白菜生长周期短，复种指数大，生产经济效益高；产量高品质好，比有土栽培产量提高 1～3 倍。水培小白菜一般不打农药，能避免土壤传染病虫害和浇施化肥的污染，其产品鲜嫩、清洁卫生、口感好、品质上乘；适应市场需求，可缓解蔬菜淡季供应短缺；可克服土壤连作障碍，一年四季进行生产。

1. NFT 水培装置　NFT 模式是一种栽培叶菜较好的模式，也叫营养液膜技术。循环的营养液厚度 2 厘米以下，就如浅浅的一层水膜。这种营养液供给的方式具有比其他深液流更充足的根域氧环境，生长的蔬菜根系大多处于湿气中，只有底部的根系发挥水与营养的吸收功能，能使蔬菜处于较好的有氧环境，根的活力得以保持，非常适合于小白菜等叶菜类蔬菜水培。

常见的小白菜 NFT 水培装置，由 20 毫米×40 毫米镀锌钢管焊接成栽培床，栽培床尺寸宽 1 米，高 1.2 米，长 10 米，设计方便人工操作，减少劳动量。用高密度聚乙烯泡沫板做成上下两层，分别为底槽和定植盖板，底槽用黑色地膜包裹，防止营养液渗漏，栽培槽盖板设计均匀分布定植孔，定植孔周围凸起使板面的积水、尘土、昆虫等杂物不易进入栽培槽内。

2. 育苗 育苗基质是由 fafard 泥炭、珍珠岩与多菌灵按 200：50：1 比例混合而成。fafard 泥炭是由加拿大 Fafard 公司加工生产，可从浙江虹越花卉有限公司购得。该种编号为 83241.002，是育苗专用介质。珍珠岩为颗粒直径 5 毫米左右的膨胀珍珠岩。

选用育苗盘播种育苗，根据小白菜种子大小选择撒播方式。播种育苗时应浇透苗床，并遮盖无纺布，以利于保湿、出全苗。电热线均匀铺于苗床下，保证苗床温度为 25±1℃。苗床前期适当湿润，中后期适当干燥疏松。根据基质干旱情况，用 0.5 毫米孔径喷水壶喷水保苗，早晨或傍晚喷水较好，否则容易灼伤幼苗。待育苗盘的幼苗长到 2 叶 1 心期，即可定植。定植前炼苗。炼苗可使幼苗缓苗时间缩短，利于幼苗成活。方法是起苗前让幼苗充分接受光照，逐渐降低温度，加大温差管理，逐渐加大通风。炼苗期间尽量不浇水。起苗时要轻拿轻放，保护根系不受损，先在清水中洗涤幼苗根系的基质，再用 50%多菌灵 500 倍液消毒。用适当大小的消毒海绵块固定幼苗根茎，定植在定植孔内，保证根系接触到营养液膜层。

3. 营养液

（1）小白菜营养液配方 适用于小白菜水培的营养液配方见表 1。

表 1 小白菜营养液配方

肥料名称		用量（%）
大量元素	硝酸钾 KNO₃	3.35
	硝酸铵 NH₄NO₃	2.05
	尿素（NH₂）₂CO	25.3
	磷酸二氢钾 KH₂PO₄	10
	硫酸钾 K₂SO₄	10
	硫酸镁 MgSO₄	0.47

（续）

	肥料名称	用量（%）
	硼酸 H_3BO_3	0.01
	硫酸锰 $MnSO_4$	0.09
	硫酸铜 $CuSO_4$	0.03
微量元素	乙二胺四乙酸二钠铁 EDTA－2NaFe	0.09
	钼酸铵 $(NH_4)_6MO_7O_{24} \cdot 4H_2O$	0.002
	硫酸锌 $ZnSO_4$	0.03

（2）营养液母液的配置和保存　为了减少称量药品的次数和多次称量所造成的误差，一般将营养液配成所需浓度的 100 倍母液，再用母液稀释成栽培营养液。为了防止配置母液时产生沉淀，先将配方中的各种化合物进行分类，配置成 A 母液、B 母液和 C 母液。A 母液中包含硝酸钾（KNO_3），硝酸铵（NH_4NO_3），尿素［$(NH_2)_2CO$］；B 母液中主要含磷酸二氢钾（KH_2PO_4）、硫酸钾（K_2SO_4）、硫酸镁（$MgSO_4$）；C 母液包含螯合铁乙二胺四乙酸二钠铁（EDTA－2NaFe）、硼酸（H_3BO_3）、硫酸铜（$CuSO_4$）、硫酸锰（$MnSO_4$）、钼酸铵［$(NH_4)_6MO_7O_{24} \cdot 4H_2O$］和硫酸锌（$ZnSO_4$）。按照要配置的母液的体积和浓缩倍数计算出配方中各种化合物的用量，依次正确称取，肥料一种一种加进去，搅拌均匀，且要等第一种肥料充分溶解后才能加入第二种肥料，待全部溶解后加水至所需配置的体积，搅拌均匀即可。通常制成 100 倍的母液。利用母液稀释为工作营养液时，先在营养液池加入需要配置体积 1/2～2/3 的清水，量取所需 A 母液的用量倒入，开启水泵循环流动，然后再量取 B 母液的用量，缓慢将其倒入营养液池的清水入口处，让水源冲稀 B 母液后带入营养液池，开启水泵，将其循环搅拌均匀，再量取 C 母液按照 B 母液的加入方法加入贮液池，最后加清水至所需配置的体积。该营养液的特点是 80% 为尿态氮，非

常适合叶菜类蔬菜，能迅速使叶子增绿及生长。

（3）营养液的管理　营养液贮存在专用的营养液池内，栽培床采用自动滴灌系统进行营养液循环流动。自动滴灌系统由水泵、进回液管道、定时器组成。滴灌时间为8～18时，每间隔1小时滴灌10分钟。小白菜生长后期，枝叶繁茂，根系发达，可适当延长每次供液时间到15～20分钟。

4. 病虫害防治　常见病害有病毒病、霜霉病、白斑病等，可采取综合的农业措施防治。如避免重作或与其他十字花科蔬菜邻作，合理排灌，增施磷钾肥以提高植株抗性。药物防治可用百菌清等杀菌剂喷洒。主要虫害有菜蚜、蚜虫、菜粉蝶、黄条跳甲等，应及早发现、及早防治。防治方法与一般小白菜相同。

第三章

芹菜设施栽培

芹菜，别名：香芹、药芹、旱芹等，原产于地中海地区和中东。我国栽培历史悠久，分布广泛，大部分地区均有生产。如河北宣化，山东潍县、河南商丘都是芹菜的名产地。

一、芹菜植物学特征

芹菜为浅根系植物，有主根和大量侧根。茎短缩，上着生叶柄。叶为羽状复叶。不同品种，叶柄颜色不同，有绿色、淡绿色、黄绿色和白色等。花小，黄白色，形成复伞状花序。果为双悬果，有2个心皮，其内各含1粒种子。种子暗褐色，椭圆形，有纵纹，籽粒小，千粒重0.4～0.5克，外有革质保护，不易吸水。

二、芹菜生长发育对环境条件的要求

（一）生长发育特性

芹菜属于低温绿体春化长日照作物，需在幼苗期经受低温，春季栽培播种过早时容易抽薹。幼苗在2～5℃低温下，经过10～20天即可完成春化。以后在长日照条件下，通过光周期而抽薹。光照度对芹菜的生长也有影响，弱光可促进芹菜纵向生长，即向直立发展，强光可促进横向发展，抑制纵向伸长。

（二）对环境条件的要求

1. 温度 芹菜属于耐寒性蔬菜，要求较冷凉湿润的环境条件，在高温干旱条件下生长不良。芹菜在不同的生长发育时期，对温度条件的要求是不同的。发芽期最适温度为15～20℃，低于15℃或高于25℃，则会延迟发芽的时间和降低发芽率。适温条件下，7～10天就可发芽。芹菜在幼苗期对温度的适应能力较强，能耐−4～−5℃的低温。幼苗在2～5℃的低温条件下，经过10～20天可完成春化。幼苗生长的最适温度为15～23℃。幼苗期生长缓慢，从播种到长出一个叶环大约60天。定植至收获前是芹菜营养生长的旺盛时期，此期生长的最适宜温度为15～20℃，超过20℃则生长不良、品质下降，容易发病。芹菜成株能耐−7～−10℃的低温。

2. 光照 芹菜种子发芽时喜光，有光条件下易发芽，黑暗下发芽迟缓。生育初期要有充足的光照，以使植株开展，充分发育，营养生长盛期需要中等光强，光照度10 000～40 000勒克斯较适宜。因此，冬季可在温室、小拱棚和阳畦中生产，夏季栽培需遮光。长日照可促进芹菜苗端分化花芽，促进抽薹开花；短日照可延迟成花过程，而促进营养生长。因此，在栽培上，春芹菜适期播种，保持适宜温度和短日照处理，是防止抽薹的重要管理措施。

3. 水分 芹菜为浅根性蔬菜，吸水能力弱，对土壤水分要求较严格，整个生长期要求充足的水分条件。播种后床土要保持湿润，以利幼苗出土；营养生长期间要保持土壤和空气湿润状态，否则叶柄中厚壁组织加厚，纤维增多，甚至植株易空心老化，使产量及品质都降低。在栽培中，要根据土壤和天气情况充分供应水分。

4. 土壤 芹菜喜有机质丰富、保水保肥力强的壤土或黏壤土。沙土及沙壤土易缺水缺肥，使叶柄发生空心。芹菜对土壤酸碱度的适应范围为pH6.0～7.6，耐碱性比较强。

5. 矿质营养 芹菜要求较全面的营养。在任何时期缺乏氮、磷、钾，都会影响芹菜的生长发育，而以初期和后期影响更大，尤其缺氮影响最大。对氮、磷、钾的吸收比例，本芹为3：1：4，西芹约为4.7：1.1：1。苗期和后期需肥较多。初期需磷最多，因为磷对芹菜第一叶节伸长有显著的促进作用，芹菜的第一叶节是主要食用部位，如果此时缺磷，会导致第一叶节变短。钾对芹菜后期生长极为重要，可使叶柄粗壮、充实、有光泽，提高产品质量。在整个生长过程中，氮肥始终占主导地位。氮肥是保证叶片生长良好的最基本条件，对产量影响较大。氮肥不足，会显著影响叶的分化及形成，叶数分化较少，叶片生长也较差。此外，芹菜对硼较为敏感，土壤缺硼时，在芹菜叶柄上出现褐色裂纹，下部产生劈裂、横裂和株裂等，或发生心腐病，发育明显受阻。

三、芹菜主要类型及品种

(一)主要类型

1. 本芹 本芹又名中国芹菜。植株高大、直立，叶片繁茂，叶柄细长，纤维较多，香味浓。依叶柄颜色分为青芹和白芹两种。青芹植株较高大，香味较浓，产量高，软化品质好。白芹植株矮小，质地较细嫩，香味浓，但抗病性差。依叶柄充实程度来分，有空心芹和实心芹之分。实心芹春季耐抽薹，品质好，产量高，耐储藏。空心芹易抽薹，品质差，但抗热性强，适合夏季栽培。

2. 西芹 西芹又名洋芹。从欧美地区引进。株高 60～80 厘米，生长期较本芹长，叶柄肥厚，短而宽，质地脆嫩，纤维少，品质佳，香味较淡。单株产量高达 2 千克。在北方地区已普遍栽培。

(二)主要品种

1. 实秆芹菜 陕西、河南等地栽培较多。植株高 80 厘米左右，叶柄长 50 厘米，宽约 1 厘米，实心。叶柄及叶均为深绿色，背面棱线细，腹沟较深。纤维少，品质好。生长快，耐寒，耐贮藏。适于秋季露地栽培。

2. 潍坊青苗芹菜 山东潍坊地方品种。植株生长势强，株高 80～100 厘米。叶柄及叶均为绿色，有光泽，叶柄细长，最大叶柄长 70 厘米，宽 1～1.2 厘米。实心，质脆，较嫩，纤维少，不易抽薹，品质好。耐寒，耐热，耐贮藏，生长期 90～100 天。一般单株重 0.4～0.5 千克，亩产 5 000 千克以上。适合大棚栽培。

3. 津南实芹 1 号　天津市地方品种。植株生长势强，株高 85 厘米。实心，叶柄黄绿色，基部白绿色，长而肥大。生长期 100～110 天。单株重 0.25 千克。纤维少，脆嫩，味浓香，品质优良。耐热，耐寒，适应性强，春播不易抽薹。适宜保护地栽培。

4. 天津黄苗芹菜　天津市地方品种。植株生长势较强，叶柄长而肥厚，叶色黄绿或绿，实心或半实心。单株重 0.5～0.6 千克，生长期 90～100 天。纤维少，品质好，耐热，耐寒，耐贮藏，一年四季可栽培，不易抽薹，亩产 5 000 千克以上。

5. 石家庄实心芹菜　河北省石家庄地方品种。植株高大，株高 90 厘米，最大叶柄长 55 厘米，宽 1.5 厘米。叶柄绿色实心，纤维含量中等，叶片浅绿色，香味浓。单株重约 0.3 千克，生育期 120 天左右，耐热，可越夏栽培。

6. 开封玻璃脆　河南开封地方品种。目前河北、河南等地栽培面积较大。植株肥壮，株高 70～80 厘米，叶片肥大，绿色，叶柄浅绿色，基部宽平，抱合成四方形，柄基宽 3.3 厘米，背面棱线粗，腹沟绿，实心，纤维少，不易老化，脆嫩，商品性好。适应性强，耐热，耐寒，耐贮藏，一年四季均可栽培，尤其适于秋季和冬季保护地栽培。单株重 0.5 千克以上，亩产 5 000 千克左右。

7. 北京细皮白　北京地方品种。植株细长直立，株高 70～80 厘米，生长期 120 天。叶色绿，叶柄长，横径 2.4 厘米。实心，光滑，纤维少，面棱线细，腹沟浅而窄，品质脆嫩。单株重 0.2～0.3 千克。不耐热，不耐贮藏，抗病力较差。适于秋季露地及保护地栽培。

8. 荷兰西芹 由荷兰引入。株高 60 厘米，植株健壮，叶柄宽厚，叶片及叶柄均呈绿色，有光泽。叶柄实心，质脆，味甜。单株重达 1 千克以上。较耐寒，不耐热，不易抽薹。适于秋季和冬季保护地栽培。

9. 美国百利芹菜 由美国引入。株高 90 厘米，叶色绿，叶较小，叶柄宽厚，白绿色，表面光滑有光泽，实心，纤维少，品质脆嫩，耐寒，抗病性强，单株重达 1 千克以上。适于秋季和冬季保护地栽培。

10. 佛罗里达 683 由美国引入。株高 60～70 厘米，叶柄绿色，宽厚，实心，脆嫩，纤维少，单株重达 0.9 千克左右，生食或熟食皆宜。适于春、秋露地及冬季保护地栽培。

11. 文图拉 由美国引入。早熟，定植后 70～75 天收获，株高 80 厘米以上，腹沟浅，浅绿色，光泽好，纤维少，叶缘深裂，株型紧凑；冬性强，耐抽薹，抗病性好，产量高，商品性佳。适于保护地、春秋露地栽培。

此外，从国外引进诸多西芹品种，如脆嫩、福特胡克、康乃尔 619、意大利夏芹等。

四、芹菜栽培季节及栽培技术

(一) 栽培季节

1. 春茬 春芹品种可选用潍坊青苗芹菜、天津黄苗芹菜等耐抽薹品种，于 2 月中旬至 3 月中旬在塑料大棚或小拱棚内播种育苗，4 月上旬至 5 月中旬定植，5 月下旬采收上市，可陆续采收至 6 月中旬。

2. 夏茬 夏芹生长中后期处于高温季节，应选用石家庄实心芹菜、开封玻璃脆等耐热品种。4 月下旬至 6 月上中旬播种，6 月上旬至 7 月上旬、苗龄 40～45 天移栽，于 7 月下旬至 9 月植株长至 30～40 厘米时采收上市。

3. 秋茬 早秋芹选用津南实芹 1 号等品种。6 月下旬至 7 月中旬播种，7 月下旬至 8 月下旬，苗高 12～15 厘米时定植，9 月下旬至 10 月上旬始收，可陆续采收至 11 月。

4. 冬春茬 晚秋芹选用北京细皮白或百利芹菜等品种，8 月上中旬至 9 月中旬播种，9 月中旬至 12 月下旬定植，11 月份开始陆续采收至翌年 3 月。

(二) 棚室高效栽培技术

1. 整地作畦 应选择富含有机质、保水保肥能力强的壤土或黏壤土地块作为芹菜栽培地。结合整地科学施肥，一般每亩施入优质腐熟有机肥 5 000 千克、磷酸二铵 50 千克、硼砂 0.5～0.75 千克做底肥，均匀撒施后耕翻、细耙、整平、作畦，畦宽 1～1.6 米，畦长依地而定。

2. 催芽与播种育苗 芹菜直播容易造成出苗慢且不整齐，因此播种前应进行低温浸种催芽。先将种子置于 50℃ 温水中浸泡 30 分钟，再用清水浸泡 12～24 小时，搓洗后置于 15～20℃ 环境下催芽。如无合适温度条件，也可将种子置于通风处晾至半干，用湿布包好后置于冰箱中在 5℃ 下保持 12 小时，白天再取出放在阴凉处，反复几次，种子即可出芽。灌水湿润后将种子掺入适量沙子均匀撒播，播后立即覆土 0.5 厘米厚，上面再覆盖遮阳网，降温防雨。

3. 育苗与定植 在育苗期要特别注意水分，保持湿润，见干即浇水；及时间苗、除草，最好移苗 1～2 次；移栽前浇透苗床，避免起苗时损伤植株根系，在晴天下午或阴天定植，以提高植株成活率。本芹定植株行距为 12 厘米×15 厘米，西芹定植株行距为 17 厘米×20 厘米。定植后 5～7 天浇缓苗水，及时中耕松土，促进根系生长。

4. 田间管理

(1) 春芹菜设施栽培关键技术 大棚栽培定植初期要密闭保温，春季棚内种植芹菜时，一般中午最高温度不可超过 25℃。扣棚后，当上午温度高于 20℃ 时开始通风，下午温度降到 15℃

以下时停止通风，夜间保持温度在 8～10℃。气温低时，每隔 2～3 天选晴暖天气在棚上扒开小缝放风，以防低温高湿导致病害发生。待天气转暖后，方可逐渐加大通风量。株高 30 厘米时追肥，追肥时将薄膜揭开大放风，待叶片上露水散去，撒施硫酸铵 375 千克/公顷；追肥后浇水一次，以后 3～4 天浇一次，保持湿润至收获。在植株生长中后期，根据植株外部表现，有针对性地合理施用叶面肥。如植株缺镁，叶片黄化，严重时叶柄变成白色。缺硼，叶柄开裂。缺钙植株出现干烧心。缺钾叶片边缘变成黄色。根据以上症状可喷施含镁、硼、钙、钾的叶面肥，以促进植株正常生长，防止生理性病害发生与危害。在采收前 15 天用 30～50 毫克/千克九二〇叶面喷肥 1～2 次。

（2）夏芹菜设施栽培关键技术　苗龄 3～4 叶时即可定植，一般在 6 月上旬至 7 月上中旬移栽。这时正值高温多雨，实行避雨遮阴栽培，将芹菜定植在大棚内，棚顶用塑料薄膜覆盖，再加盖 75％遮光率的遮阳网，定植后要立即浇水。由于大棚内温度高，芹菜生长缓慢，在幼苗期和外叶期以浇水降温为主，可在清晨和傍晚用地下水或井水浇水降温。生长中期可浇一次稀尿素液，生长中后期重施一次氮肥，并追施 0.2％磷酸二氢钾叶面肥 2～3 次，收获前半个月用 30 毫克/升九二〇 喷一次，可有效促进芹菜生长。

（3）秋芹菜设施栽培关键技术　秋季定植后需及时浇水，3～5 天后浇一次缓苗水。缓苗后，蹲苗 10 天左右，蹲苗期内停止浇水，如气温过高，可浇小水降温。蹲苗结束后，要保证水分充足，随浇水每亩冲施尿素和硫酸钾各 10 千克，以后每 20～25 天追肥一次。采收前 10 天停止浇水和追肥。缓苗期温度应控制在 20～22℃范围内，生长期温度控制在 12～22℃。秋季当外界气温低于 12℃要及时扣棚，以保证芹菜良好生长，每次浇水后应及时放风排湿。

（4）冬春芹菜设施栽培关键技术　冬春芹菜在塑料大棚中可

进行越冬栽培，一般在元旦至春节收获。播种期为 8 月中下旬。定植后初期气温较高，要保持畦面湿润，利于新根发生，中后期减少浇水，以免降低地温并增加棚内湿度。当外界最低气温降至 15℃以下，即 10 月下旬至 11 月上旬应扣棚保温。但要注意白天通风换气，棚温白天控制在 20～22℃，夜间 12～18℃。以后随气温下降逐渐减少通风量，一般不超过 20℃时不通风，棚内最低气温低于 5℃时开始加盖草苫，必要时畦面上加扣小拱棚。该茬芹菜的生长要于元旦前完成，因此要加强肥水管理，以促为主。扣棚后新根和新叶已大量发生，每亩应施入复合肥 15～20 千克，约 30 天后进行第二次追肥，每亩冲施硫酸铵或尿素 10～15 千克。整个生长过程中应中耕 2～3 次，中后期植株扩展且地上部高大，可停止中耕。

(三)日光温室西芹无土高效栽培技术

无土栽培作为设施农业的发展方向，是生产优质无公害蔬菜的重要途径。

1. 栽培设施 栽培设施主要由日光温室、栽培床、分苗床及供液系统组成。

(1)栽培床 用砖或硬质塑料制成长 20 米、宽 1 米、深 10 厘米的槽，槽上盖 2 厘米厚高密度苯板，板上按 20 厘米×20 厘米打直径 2 厘米的定植孔。

(2)分苗床 同栽培床作成长 10 米、宽 1 米、深 5 厘米的槽，苯板上按 50 厘米×5 厘米打直径 2.4 厘米的分苗孔。

(3)供液系统 供液系统由贮液池、水泵、输液管、回液管及自动控制系统组成。供液系统和栽培床、分苗床共同构成整个循环系统。

2. 栽培技术

(1)育苗 选用美国进口的文图拉西芹、百利芹菜等西芹品种，苗床用蛭石做成宽 1.5 米、长 20 米、厚 5 米的畦，也可用育苗盘育苗，催芽播种方法同上。

（2）分苗　西芹出苗后加强肥水管理，培育壮苗，当西芹长到2～3片真叶时将幼苗用无纺布固定到定植杯中，先在分苗床内铺上黑色地膜，内充3厘米深1/4标准浓度营养液，盖上苯板，把西芹定植到分苗床上，3天换一次营养液，保证充足养分，促幼苗生长。

（3）营养液配方及管理　根据西芹营养要求，采用Ca（NO₃）₂·4H₂O 580毫克/升，MgSO₄·7H₂O 240毫克/升，NH₄H₂PO₄ 228毫克/升，KNO₃ 630毫克/升，铁和微量元素常规用量。西芹不同生长阶段采用不同浓度营养液：分苗床内用1/4标准浓度，EC值1.10毫西/厘米；定植后10天用1/2标准浓度营养液，EC值1.40毫西/厘米；10～30天用3/4标准浓度，EC值1.8毫西/厘米；30天后用标准浓度，EC值2.2毫西/厘米。营养液要每天循环，由自控仪控制，栽培床内液深维持在5厘米，每天测定营养液和EC值，及时补充母液，使其浓度保持稳定，每月更换新液。

（4）定植后管理　9月上旬，当西芹长到5～6片真叶时，定植到栽培床上。室温白天控制在20～22℃，夜间12～18℃，温室内相对湿度保持在70%～85%，注意通风透光，保持室内清洁卫生。霜前外界夜温降到5℃以下时盖棚膜，冬季通过盖草帘和放风调节温湿度。后期注意疏除老叶。整个生长季节病虫害较少发生，注意防治蚜虫、西芹斑枯病和疫病。一般90天即可采收上市。

（5）采收　无土栽培西芹可净菜上市，也可活体带根上市，一般元旦前后上市，株高40厘米左右，单株重0.8～1.5千克，每亩产量可达10 000千克。

五、芹菜病虫害防治

1. 斑枯病　喷洒70%代森锰锌可湿性粉剂500倍液，或用高锰酸钾＋代森锰锌＋水800倍液。

2. 叶斑病 喷洒 75％百菌清可湿性粉剂 600 倍液或 25％瑞毒霉粉剂 1 000 倍液、80％福美双 400 倍液。

3. 病毒病 喷洒 20％病毒 A 500 倍液，或高锰酸钾 1 000 倍液、抗毒素 700 倍液 2～3 次。

4. 菌核病 喷洒 50％速克灵可湿性粉剂 1 200 倍液或 70％甲基硫菌灵可湿性粉剂 600 倍液、40％菌核净 1 000 倍液。

5. 软腐病 喷洒 72％农用硫酸链霉素可溶性粉剂或新植霉素 3 000～4 000 倍液。

六、芹菜采收

芹菜从定植到上市需 40 天左右，可根据不同茬口及市场需求，陆续分批上市。采收后去除芹菜外层老叶，用清水洗净，整理，扎把，做到净菜上市。

第四章

菠菜设施栽培

菠菜，别名波斯草、赤根菜、鹦鹉菜等。是春淡季供应市场的一种主要蔬菜，也是我国南北各地春、秋、冬三季栽培的主要蔬菜之一。

一、菠菜植物学特征

菠菜直根发达，侧根不发达。根红色，味甜可食。主要根群分布在25～30厘米耕层内。抽薹前叶片簇生于短缩茎。叶互生，叶片绿色，呈箭头状或近卵圆形；多数单性花，也有少数两性花。多数雌雄异株，少数雌雄同株。风媒花，雌花无花瓣，雄蕊1枚，柱头4～6个，花萼2～4裂，包被着子房，有刺菠菜的花萼发育成角状突起。子房1室，内含胚珠1枚，受精后内含种子1粒，播种用的"种子"实为果实。

菠菜植株的性型一般有4种：

1. 绝对雄株　植株较矮，基生叶较小，茎生叶不发达或呈鳞片状。花茎上仅生雄花，位于花茎先端，为复总状花序。抽薹最早，花期短，常在雌株未开花前进入谢花期，不能使雌株充分受精，而且授粉后易引起种性退化，在采种田中及早将其拔除。有刺种菠菜的绝对雄株多。

2. 营养雄株　植株较高大，基生叶较绝对雄株大，雄花簇生于茎生叶的叶腋中，花茎顶部的茎生叶发达。抽薹较绝对雄株迟，产品供应期较长，为高产株型。花期较长，并与雌株的花期相近，对授粉有利，采种时应适当加以保留。无刺种菠菜的营养雄株较多。

3. 雌株 植株较高大，生长旺盛，基生叶及茎生叶均较发达。雄花簇生于茎生叶的叶腋中，抽薹较雄株晚。

4. 雌雄同株 在同一植株上着生雌花和雄花。基生叶及茎生叶均较发达。抽薹晚。花期与雌株相近。雌雄花比率不一，有雄花较多或雌花较多或早期生雌花后期生少数雄花、在整个生长期着生同等数量的雌花和雄花等现象。另外，还有在同一朵花内具有雌蕊和雄蕊的两性花。

二、菠菜生长发育对环境条件的要求

(一) 生长发育特性

1. 营养生长期 从子叶出土到花芽分化。种子开始发芽温度为 4℃，适温为 15～20℃，子叶展开至出现 2 片真叶，生长缓慢。随后叶数、叶面积及叶重量迅速增长。叶片在日平均气温 20～25℃时增长最快。经一定时期（因品种、播种期及气候条件等而异）苗端分化花原基后，叶数不再增加，但叶面积及叶重仍继续增加。

2. 生殖生长期 从花芽分化到种子成熟。花芽分化至抽薹的天数，因播期不同而有很大差异，短者 8～9 天，长者可达 140 天，这个时期的长短将直接关系到菠菜采收期的长短与产量高低。以采种为目的，要求有较多的雌株及适量的营养雄株。外界条件中凡是能加强光合作用和养分积累的因素，一般都能促使雌性加强，凡是促进养分消耗的，则有加强雄性的倾向，所以营养生长期的环境条件及栽培管理，会影响种株的发育及性比例。

(二) 对环境条件的要求

1. 温度 菠菜种子发芽的最低温度为 4℃，最适温度为 15～20℃。在适温下 4 天发芽，质量高的种子，发芽率达 90% 以上，温度再升高，发芽天数增多，发芽率降低，35℃时，发芽率不到 20%。所以，高温季节播种，种子必须事先放在冷凉环境中浸种催芽。在绿叶蔬菜中，菠菜的耐寒力较强，成株在冬季最低气温为－10℃左右的地区可以在露地安全越冬。华北、东北、西北等地区的北部，冬季平均最低气温低于－10℃的地区，用风障或无纺布覆盖地面，也可在露地越冬。耐寒力强的品种，具有4～6片真叶的植株，可耐短期－30℃的低温；甚至在－40℃的低温下，仅外叶受冻枯黄，根系和幼芽不受损伤。仅有1～2片真叶的小苗和将要抽薹的成株，抗寒力差。

2. 光照　菠菜是典型的长日照蔬菜，在日照时间长的栽培季节中，很快分化花芽并抽薹。菠菜花芽分化的主要条件是长日照。在长日照条件下，即使不经受低温，也可分化花芽，但是，当日照时间缩短至12小时以下时，种子经过低温（2±1℃）处理的，花芽分化期比种子未经低温处理的显著提早。这说明，在短日照条件下，低温有促进花芽分化的作用。这一点对菠菜秋播采种时，在日照时间较短情况下如何促进花芽分化具有指导意义。花芽分化后，花器的发育、抽薹和开花，均随温度的升高和日照时间的加长而加快。

3. 水分　菠菜根系比较发达，叶面积大，组织柔嫩，蒸腾作用旺盛，生长发育过程中需要大量的水分。在土壤相对湿度70%～80%、空气相对湿度80%～90%的条件下，营养生长旺盛，叶片肥大，品质好，产量高。特别是在4～6片叶进入生长发育的高峰时期，需水量更大。空气和土壤干燥使叶部生长缓慢，组织老化，纤维增多，品质下降。高温、干旱和长日照，可促进菠菜器官快速发育，提早抽薹和开花，而且雄株数目超过雌株，对菠菜采种也造成不利影响。水分太多，土壤透气性差，土壤容易板结，不利于根系活动，使植株生长发育不良。越冬菠菜浇返青水早且浇水量大时，会影响返青。春菠菜、秋菠菜生长发育期较短，一般为45～55天，每亩需水量为164～220米^3，平均每天需水3.0～4.9米^3。

4. 土壤　菠菜要求微酸性至中性的土壤。在酸性土壤中，生长缓慢，严重时叶色变黄，叶片变硬，无光泽，不伸展。所以，酸性太强的土壤应施用石灰或草木灰，使酸性降低。在生产实践中常用含钾、钠、钙等盐类的水（苦水）浇菠菜，可使菠菜生长良好，其原因，苦水就是碱水。菠菜耐碱的能力也比较弱，在碱性土壤中，生长不良，产量降低。菠菜对土壤性质的要求不严格，沙壤土、壤土及黏壤土都可以栽培，可根据不同栽培季节选择适宜的土壤。例如，以春季早上市为目的时，可选择沙壤土种植，这样早春地温升高较快，菠菜越冬后返青快，可以早采收；以高产为目的时，可选择保水、保肥力比较好的壤土或黏质壤土。

5. 矿质营养　为保证菠菜正常生长，需要施用氮、磷、钾三要素俱全的肥料。在此基础上，要特别重视氮肥的施用。氮肥充足时，叶部生长旺盛，不仅可以提高产量、增进品质，而且可以延长供应期。缺氮时，植株矮小，叶色发黄，叶片小而薄，纤维多，而且容易早抽薹。在缺硼的田块中种植菠菜，导致心叶卷曲、失绿，植株矮小，可在施肥时配合施用硼砂，每亩 0.5～0.75 千克，或者加水配成溶液，喷施叶片表面，可防止缺硼现象。

(三) 产量形成

菠菜的个体和群体产量由叶子和短缩茎构成，以叶子占绝大部分（叶片始终是产量的主要部分），叶柄占次要地位。菠菜主要靠叶片加厚和叶柄生长保证产量，生长前中期主要靠扩大叶面积，生长后期主要靠提高净同化率，通过叶片加厚和叶柄生长增加个体干物质产量。如想提早采收，可以密播些，主要靠扩大叶面积保证产量；延迟采收可以稀播些。密播时很少发生分蘖，且分蘖生长量很小，对产量构成不起多大作用；稀播时发生分蘖较多，在肥水充足的条件下有较大生长量，一定程度上能弥补由于苗稀所减少的群体产量。几片较大的中位叶是构成个体产量的主要叶子。凡是低位叶生长良好者，中位叶都发达，反之，中位叶生长不良。这表明，低位叶是中位叶生长的基础。为了保证个体和群体产量，播种时不宜播得过密，低位叶生长期间肥水不能亏。菠菜叶子一直是生长中心，从拉十字开始，应逐渐加强肥水，一促到底。

三、菠菜类型及品种

(一) 类型

根据菠菜果实上是否有刺，可分为有刺菠菜和无刺菠菜2个变种。

1. 有刺种 栽培历史悠久，分布广。叶片狭小而薄，戟形或箭形，先端一般锐尖或钝尖，又称尖叶菠菜。也有叶片先端较圆的有刺种，如广州的迟乌叶菠菜、成都圆叶菠菜等。叶面光滑，叶柄细长，质地柔软，涩味轻。一般耐寒性较强，耐热性较弱，对日照长短较敏感，在长日照下抽薹快，适宜作秋季或越冬栽培。春播易抽薹，产量低；夏播因不耐热而生长不良。

2. 无刺种 叶片肥大，多皱褶，卵圆形、椭圆形或不规则形。先端钝圆或稍尖，基部截断形、戟形或箭形，叶柄短，又称圆叶菠菜。耐寒性一般，较有刺种菠菜稍弱，但耐热性较强。对日照长短不如有刺菠菜敏感，春季抽薹较晚，多用于春、秋两季栽培，也可夏季栽培。在山西北部、东北北部作秋播越冬栽培时不易安全越冬。

(二) 品种

1. 日本超能菠菜 植株半直立，叶簇生，叶柄短，叶片大，呈阔箭头形，生长迅速，发叶快，叶肉肥厚，纤维少，品质好。抗寒耐热，可作春秋栽培，一般亩产5 000千克左右。春季栽培3月中下旬播种，5月上旬供应市场；秋季栽培8月份播种，9～11月上市。

2. 荷兰菠菜K4 早熟，耐寒，耐抽薹，叶片大且直立，亩产2 000～2 500千克。适于春秋和秋季保护地栽培。

3. 华菠1号 植株半直立，株高25～30厘米，叶色浓绿，叶肉较厚，单株重 110 克，叶肉嫩，无涩味，耐高温，早熟性强。适于早秋播种栽培。

4. 春秋大叶菠菜 从日本引进。株高 30～36 厘米，半直立状，叶长椭圆形，先端钝圆，平均叶长 26 厘米，宽 15 厘米，肥厚，质嫩，风味好，耐热，抽薹晚，但抗寒性较弱。

5. 捷雅 中晚熟品种。株型中等，生长直立。叶片阔三角形或近圆形，叶面平滑，叶片深绿，微锯齿状。抗霜霉病。适于春夏秋露地或保护地栽培。

6. 丹麦王 2 号 早熟品种。植株直立，株型中大，叶片厚，绿色，叶圆形或椭圆形，抽薹晚。适应性广，抗病性强，商品性佳。适于春季、秋季及冬季保护地栽培。

7. 新世纪菠菜 植株半直立，叶稍宽，有光泽，有缺刻，叶片厚，品质优，叶柄粗，叶数多，抗病，耐热性强，抽薹晚，产量高。

此外，还有捷克、可爱、完美、捷荣、昌盛、南京大叶菠菜、春不老菠菜、广东圆叶菠菜、上海圆叶菠菜、美国大圆叶及绿海大叶菠菜等优良品种。

四、菠菜栽培季节与栽培技术

(一)栽培季节

1. 春菠菜 一般在开春后气温回升到 5℃ 以上时即可开始播种，可在 2 月下旬至 4 月中旬陆续分期播种，3 月中旬为播种适期，播后 30～50 天采收。宜选择抽薹迟、叶片肥大的品种。如日本超能菠菜、捷雅等。

2. 夏菠菜 可于 5～7 月分期排开播种，6 月下旬至 9 月中旬陆续采收。选用耐热性强、生长迅速、不易抽薹的品种。如华菠 1 号、春秋大叶菠菜等。

3. 秋菠菜 秋播为主要播种方式，一般 8～9 月播种，也可提前至 7 月或延迟至 10 月上旬播种。播后 30～40 天可分批采收。品种选择不严格，但早秋菠菜宜选用较耐热、生长快的早熟品种。如荷兰菠菜 K4 等。

4. 越冬菠菜 10 月中下旬至 11 月上旬播种，春节前后分批采收。选用冬性强、抽薹迟、耐寒性强的中、晚熟品种。如丹麦王 2 号等。

(二) 栽培技术

1. 整地作畦 选择背风向阳、疏松肥沃、保水保肥、排灌条件良好、沙质、微酸性壤土或壤土较好。前茬收获后，及时清除残枝落叶，深翻。整地时每亩施腐熟有机肥 3 500～4 000 千克、石灰 100 千克，整平整细，冬、春宜作高畦，夏、秋作平畦，畦宽 1.2～1.5 米。

2. 播种育苗 一般直播，且以撒播为主。夏、秋播种应催芽，播前一周，用井水浸种约 12 小时，将种子放在井中催芽，或将种子放在 4℃左右的冰箱中处理 24 小时，再在 20～25℃条件下催芽，经 3～5 天出芽后播种。秋冬可播干籽或湿籽，无需催芽。每亩播种 5～10 千克。一般在播前先浇足底水，若土壤湿润也可不浇水。播种时宜采用分层播种法，即将种子撒于畦面后，用齿耙轻轻梳耙表土几遍，使一部分种子播于 5～6 厘米的深层，使出苗有先后，可以分批采收。种子落入土缝后，畦面上盖一层草木灰，再浇泼一层腐熟浓粪渣或河泥、细土。春播菠菜不需在播种前浇底水，可选晴天上午在畦土上播种后再浇泼一层腐熟浓粪渣或覆土 2 厘米左右。夏、秋播菠菜，夏秋季高温多雨，播后要用稻草覆盖或利用小拱棚覆盖遮阳网，防止高温和暴雨冲刷。盖籽土被晒干后，再浇水。每次浇水要使土湿透，经常保持土壤湿润，6～7 天后即可齐苗。若冬播菠菜播种较迟，气温偏低时，应在播种畦上覆盖塑料薄膜或遮阳网保温，促出苗，出苗后撤除。

3. 田间管理

(1) 春菠菜设施栽培关键技术 前期要覆盖塑料薄膜保温，

可直接覆盖到畦面上，也可用小拱棚覆盖。直接覆盖时，在菠菜出苗后即撤除薄膜或改为小拱棚覆盖。注意小拱棚昼揭夜盖，晴揭雨盖，让幼苗多见光、多炼苗。及时间苗，追施肥水，前期以腐熟人畜粪淡施、勤施，收获前 10～15 天不宜施氮肥。

(2) 夏菠菜设施栽培关键技术　夏季生长季节高温多雨，其栽培技术应以保证出苗、全苗及促进幼苗生长为重点。一是要进行遮阳避雨栽培。利用大棚或温室等设施上面覆盖遮阳网，可明显降低棚内温度。在晴天上午 9 时至下午 4 时的高温时段，将大棚用遮阳网遮盖，防止阳光直射；在阴雨天或晴天上午 9 时以前和下午 4 时以后光线弱时，将遮阳网卷起来。二是覆盖防虫网。在大棚或拱棚覆盖 40 目防虫网，既不影响透风，又可安全隔离蚜虫等传毒媒介。出苗后，浇水应在早晨或傍晚小水勤浇。第一次浇水，水流要缓，水量要小，以免泥浆浸泡子叶后引起死苗。2～3 片真叶以后，追施 2 次浓度为 20%～30% 的腐熟人畜粪肥，或者 2 次共亩追施尿素 30 千克，每次施肥后要连浇清水，促进生长，延迟抽薹。同时，对出苗过密的地方要进行间苗。一般每隔 5～7 天浇水一次，经常保持土壤湿润，以降低地温。收获前 10～15 天不宜施氮肥，进入旺盛期可喷施生长调节剂和叶面肥，叶面不宜喷施氮肥，以降低菠菜中硝酸盐含量。

(3) 秋菠菜设施栽培关键技术　采取遮阳措施是菠菜早秋栽培的关键。前期遮阳栽培管理同夏菠菜。在山东及以北地区，在下霜前，一般在 9 月中下旬扣上大棚膜，此时白天温度还较高，白天、晚上棚膜的底脚要揭开，以后随着外界温度降低，白天底脚揭开，晚上关上。温度再降低时，白天要将底脚封严。如果以后遇到高温可打开大棚门和上风口进行通风。播种后 4～5 天出齐苗，2 片真叶后结合间苗除草，注意追肥，施肥要轻施、勤施，先淡后浓，前期多施腐熟粪肥，生长盛期施尿素 2～3 次。

(4) 冬菠菜设施栽培关键技术　在长江流域，越冬菠菜可以露地正常越冬。在北方，越冬菠菜常栽培采用两种方法：一种是秋冬不扣棚，第二年早春扣棚，播种期与露地相同。秋冬露地栽培时，需采取覆土防寒保护措施，即将土块打碎，均匀覆盖在畦面菠菜上，厚约 2～3 厘米，这样不仅能防寒保温，更重要的是减少水分蒸发，保持耕层土壤温度，防止菠菜叶片及生长点死亡。翌春返青活率基本达到 100%。注意不能覆土过早，以防止气温偏高造成菠菜叶片与生长点腐烂。二是整个生育期设施栽培，从播种开始覆盖棚膜，一直到收获，可提早 5～7 天上市，增产 10% 以上，增收近一倍。

越冬菠菜设施的管理可以分为 3 个阶段来进行管理，即冬前管理、越冬管理和返青管理。冬前管理主要是提高出苗率，保证严冬到来时苗长出 4～5 片叶。苗期浇水的原则是见湿见干，保持土壤含水量大于 75%。当苗长出 3～4 片叶时适当控水，间去过密的苗。当幼苗长出 5～6 片叶时，拔去畦内杂草，随水追施速效氮肥 3～4 次，每次亩施 10 千克左右。从幼苗停止生长到第二年早春返青为越冬期，这一时期大约有 120 天左右。越冬管理主要是浇冻水，起到稳定地温、保持土壤墒情的作用，保证幼苗安全越冬。11 月下旬浇冻水，水量以浇完后全部渗下为度。返青期管理，即当冻土层化冻后选晴天追肥浇水，俗称"返青水"，每亩施硫酸铵 15～20 千克，并配合施速效性磷钾肥，抑制或减缓生殖生长的速度，否则肥水跟不上，导致提早抽薹开花。

五、菠菜病虫害防治

选择地势较高、排灌方便、一年内没种过菠菜的地块。前茬收获后翻耕 10～20 厘米，增施有机肥、钾肥和微生物肥做基肥。加强田间管理，及时清除病株和失去功能的病残叶片，改善田间通风透光条件。适时浇水，禁止大水灌，雨后及时排水，控制土壤湿度。菠菜易得霜霉病、炭疽病、斑点病和病毒病，可分别用 64% 杀毒矾可湿性粉剂 500 倍液或 6.5% 甲硫·霉威粉尘剂 15 千克/公顷喷粉、6.5% 甲霜灵粉尘剂喷粉、病毒 A 等，每隔

7～10天喷施一次，提前预防。虫害主要有美洲斑潜绳、螨虫、蚜虫等，可用螨虫清 7 天喷一次，菊酯类、阿维菌素、Bt 乳油等生物杀虫剂防治，减少农药残留。

六、菠菜采收

菠菜采收期不严格，采收时植株可大可小，一般苗高 10 厘米以上即可开始分批采收。采收时间在下午植株上的露珠已干时为宜，早晨采收植株柔嫩，叶脆，易损伤，尽量避免在早晨采收。采收时应去掉枯黄叶，用清水洗净，每 250～500 克扎成一把，整齐装入菜筐，保持鲜嫩销售。春菠菜应在播后 40～50 天，一次性采收完毕；夏菠菜一般于播种后 25～35 天，抢在抽薹前及时采收。以保证品质和商品性。

第五章

韭菜设施栽培

韭菜，别名草钟乳、起阳草、懒人草等。

一、韭菜植物学特征

韭菜根为弦线状须根，侧根少而细，根毛稀少，主要分布在30厘米以内土层中。茎分为营养茎和花茎。营养茎短缩变态成鳞茎盘。鳞茎盘下方形成葫芦状的根状茎，基部叶鞘层层抱合形成假茎，假茎基部稍膨大为小鳞茎。叶着生于鳞茎盘上，扁平带状，长15～30厘米，宽1.5～7毫米。顶端着生锥形总苞包被的伞形花序，内有小花20～30朵。小花为两性花，花冠白色，花被片6片，雄蕊6枚，子房上位，异花授粉，虫媒花。果实为蒴果，子房3室，每室内有胚珠2枚，成熟种子黑色、盾形，千粒重4～6克。种子寿命较短，通常条件下1～2年。花期7～9月。

二、韭菜生长生育对环境条件的要求

（一）生长发育特性

韭菜是多年生蔬菜，播种一次可连续多年收获，4～5年内为健壮生长时期，此后便进入衰老时期，合理栽培其生长期可达10余年。一般情况下，一年生韭菜只进行营养生长，二年生以上韭菜营养生长和生殖生长交替进行。

（二）对环境条件的要求

1. 温度 韭菜生育最适宜的温度为12～24℃，根茎能耐－40℃的低温，叶片在－6～－7℃时只是叶尖颜色变为紫红，并不能使全株冻死。种子发芽的适宜温度为18～25℃，2～3℃时也能发芽，只是缓慢一些。幼苗生长适宜温度为 18～20℃，高于或低于这个适温范围生长缓慢。温度超过 24℃，韭菜生长纤细、徒长、品质变劣，甚至干尖枯死。

2. 光照 韭菜对光照度要求不高，光照过强品质变劣，粗纤维增多，甚至不能食用；光照过弱时则光合成能力降低，同化物质减少，叶片细小，分蘖减少，直接影响产量提高。

3. 土壤 韭菜对土壤的适应范围比较广泛，沙土、壤土和黏土都可栽培，但以富含有机质、保水力较强的沙质壤土为最好。韭菜适宜于中性土壤，但对碱性土壤也有一定的适应能力，所以盐分积累较重的保护地，韭菜也能很好地生长发育。

4. 矿质元素 韭菜需要多种多样的肥料。保护地栽培主要是氮肥，因为韭菜的主要食用部分是叶片和叶鞘，氮肥充足才能使食用部分长得肥大而柔嫩。如果钾、磷元素不足，特别是钾肥不足时，直接影响同化物质的生成，长势衰弱。在保护栽培条件下，叶片柔软，倾斜塌地，直立性不强，也达不到应有的高度和产量。

5. 气体 韭菜生长还需要很好的气体条件，如果空气中二氧化碳不足，则叶片薄而小，颜色淡而黄，株型披散而塌地，割收后很快失水萎蔫、减重。

三、韭菜类型和品种

(一) 类型

我国栽培的韭菜有 2 个种，即根韭和叶韭，并形成了繁多的类型和品种。通常按照实用器官可分为根韭、叶韭、花（薹）韭和叶花兼用韭 4 种类型。

1. 根韭 也称山韭菜、宽叶韭菜等，主要分布在云南、贵州、四川、西藏等省、自治区。云南省的保山、大理、腾冲，西藏错那等地区广为栽培。根韭在云南当地称为披菜，主要食用根。叶片宽厚，叶宽达 1～1.2 厘米，长 30 厘米左右。每年虽能抽生花茎、开花，但花后不能结出种子。须根系，须根长 30 厘米，贮藏营养物质而肉质化，可加工或煮食。花薹肥嫩，可炒食。无性繁殖，分蘖力强，生长势旺盛，对高温和低温适应能力差。云南省气候温和，容易栽培。

2. 叶韭　叶片宽厚、柔嫩，抽薹率低，以食叶片为主。薹也可供食用，但不是主要的栽培目的。一般栽培的韭菜多属于此种。

3. 花（薹）韭　产于甘肃、广东及台湾等省。叶片肥厚，短小，质地粗硬，形态与叶韭相同，但分蘖早，分蘖力强，抽薹率高，薹肥大柔嫩，是主要的产品器官。

4. 叶花兼用韭　与叶韭、花韭同属一个种。叶片和花薹发育良好，均可食用，但以采食叶片为主，栽培十分普遍。按叶片宽窄可分为宽叶品种和窄叶品种。宽叶品种叶片宽厚肥大，假茎粗壮，品质柔嫩，香味较淡，容易倒伏。窄叶品种叶片狭长，夜色深绿，假茎细长，纤维含量稍多，直立性强，不易倒伏，气味浓郁。

（二）品种

1. 791　河南省平顶山农业科学研究所 1979 年育成。株高 50 厘米以上，植株直立且生长迅速、强壮。叶鞘粗而长。叶绿色，宽厚肥嫩，最大叶宽 2 厘米。最大单株重 45 克。分蘖力强，抗病，耐寒，耐热，质优，高产。年收割 6～7 刀，亩产鲜韭 11 000 千克。

2. 汉中冬韭　陕西汉中地方品种。北方各地都有栽培。叶片宽厚，叶色浅绿，较直立。假茎高而粗壮，横断面近圆形。耐寒性强，冬季枯萎晚，春季萌发早，生长快，产量高，品质柔嫩。适于露地和保护地栽培。

3. 铁丝苗　又名红根，北京地方品种。叶片狭窄，横断面呈三棱状，遇低温叶鞘基部呈紫红色，直径细，质较硬，故名铁丝苗。生长快，分蘖多，耐寒、耐热性强。适于露地密植栽培，也适于冬季温室囤韭。

4. 寒绿王 F_1　抗病、超高产、高抗寒韭菜杂种。可短期耐-10℃低温，适宜全国露地、大小拱棚栽培。株高 56 厘米左右，株丛直立，叶片深绿色，宽大肥厚，速生株型整齐。最大叶宽 2~2.8 厘米，最大单株重 75 克，纤维含量细而少，口感辛香鲜嫩脆，高抗灰霉病、疫病，抗老化，持续种植产量高，分蘖力强而快，一年生单株分蘖 9 个，三年后单株分蘖可达 60 个，年收割鲜韭 9~10 刀左右，产量 20 000 千克。

5. 雪韭 6 号　极抗寒。早发高产，优质抗病。比平韭 4 号增产 30% 以上。是保护地栽培的理想品种。株型直立，株高 60 厘米左右，叶片肥厚鲜嫩，宽约 1 厘米，鞘长 10 厘米以上，鞘粗 0.8 厘米，分蘖力强，生长旺盛，年收割 7~8 刀。亩产鲜韭 12 000 千克左右。抗灰霉病、疫病及生理病害。

6. 河南红根韭菜　株高 45 厘米以上，株丛直立，叶色深绿，叶肉丰腴。叶长 35~50 厘米，呈淡紫色。辛香味浓，品质优良。生长势强，抗病、抗寒、耐热、优质、高产，适应性强，夏季无干尖现象。年亩产鲜韭 12 000 千克左右，适宜全国各地栽培，保护地宜冬春茬栽培。

7. 徐州薹韭　徐州市农家品种。分蘖能力强，花薹柔嫩，产量高，每年可多次抽生花薹，叶片肥大厚实，食用品质很好。

8. 年花韭菜　台湾省薹韭代表品种，在台湾称为"韭菜花"，是台湾彰化县农民江林海经单株选择而成。2003 年福建省闽南地区引进年花韭菜并试种成功。形态与叶韭相同，叶鞘粗壮，叶色浓绿。分蘖力强，周年抽薹，薹直径 0.4~0.7 厘米，薹长 35~40 厘米，肥大柔嫩。

四、韭菜栽培季节及栽培技术

(一) 栽培季节

韭菜对前茬要求不严格，除葱蒜类以外的任何茬口均可栽培，也可大田作物为前茬。韭菜栽培分为直播和育苗移栽两种方式。直播：春季直播，秋季即可收获；秋季直播，次年 3～4 月开始收获。育苗移栽：一般于春、秋两季育苗；4、5 月春季育苗，7 月下旬至 8 月上旬定植，次年 3～4 月开始收获，可每隔30 天左右收割一次；秋季育苗于次年 4 月下旬至 5 月上旬定植，8、9 月份便可收割，可每隔 30 天左右收割一次。成年的韭菜一年中可收割 3～4 次。也可利用韭菜抗寒性强、耐弱光的特性在日光温室、塑料棚以及阳畦等保护设施内生产青韭、五色韭。

（二）棚室高效栽培技术

1. 整地作畦　定植前每亩施有机肥 5 000 千克、复合肥 50千克，深耕细耙，使肥土充分混匀、土地平整。畦宽 1～1.2 米，长度依地而定。

2. 催芽与播种　采用催芽和干籽播种均可。韭菜种子发芽慢，可进行催芽处理。在播前 4～6 天，将种子浸于 40℃水中1～2 小时，浸种时注意勤搅动，以后用温水洗净种子，置于温水中浸泡 12 小时，然后趁湿放入纱网中，摊置于 15～20℃条件下催芽，每日淋洗、搅拌、保湿，4～5 天即可发芽播种。一般多于 4 月中旬至 5 月下旬播种，选向南避风、保水排水良好、土壤肥沃疏松的地方，苗床亩施尿素 50 千克、复合肥 50 千克。耕翻耙平后打畦，畦宽 1.5 米。播种前，在畦面划浅沟，沟内灌透水，渗水后将催芽的种子播于沟内，覆土 1～1.5 厘米，覆土后保湿。也可铺地膜，简单覆盖保墒，发芽后及时撤去地膜。用种约 112.5 千克/公顷。

3. 育苗与定植　播种后当天灌水，小苗出土前要保持土壤湿润，每隔 4～5 天浇一次水。每公顷用 33%除草通 1.5 千克兑水 750 千克均匀喷洒地面，可保持 20 天无杂草。出苗后，每隔7～8 天浇一次水，保持地面不干，及时进行中耕除草。当幼苗长出 5 片叶后（苗高 15～20 厘米），可适当控制浇水，防止韭菜苗长得过细而倒伏。幼苗长有 7～9 片叶，株高达到 15～20 厘米时为定植适期，一般 7 月下旬酷暑过后即可定植；栽植方法有平畦栽和沟栽，以沟栽为好。沟距40～50厘米，沟深10～15厘米。栽前灌透水，然后每20～30株成一束稍剪短根前端，按束距20～25厘米栽于沟内，覆土按实。平畦栽按15～20厘米行距、10～12厘米丛距掘穴，每穴栽12～15株。栽植深度以将叶鞘埋入土中为宜，同时要尽量保持根系舒展，做到栽齐、栽平、栽实。

4. 田间管理　秋冬季可在10月上旬前后开始扣棚，进行秋延后和春提早栽培。采取大棚、小棚及无纺布覆盖，创造白天18～28℃、晚上8～12℃的生长环境。扣棚初期和每次收割之后，为加速韭菜萌发和新株生长，棚温应稍高，可达到30℃。收割前应降低温度，使叶片生长苗壮，以免倒伏、腐烂。扣棚后至前两茬韭菜收获期间，外界气温低，要晚揭早盖草帘，不放风或放小风。阴雪天可不揭草帘，若连续阴雪天3～4天，棚内处于湿冷状态，易沤根，应在中午外温稍高时，揭膜排除湿气。2月中、下旬后气温逐渐升高，应加大放风量，并逐渐撤除草帘。3月下旬收第三刀韭菜后即可撤除薄膜，改为露地栽培。薄膜覆盖栽培主要靠韭菜植株鳞茎和根系中贮积的水分，扣棚前如果肥水没有跟上，植株长势弱，在收割1～2刀后，应适量追肥和浇水，追施速效化肥或腐熟人粪尿均可。每次追施尿素150～225千克/公顷或硫酸铵150千克/公顷。追肥浇水后应及时中耕并适当放风，避免塑料棚内湿度过大。撤膜后的管理基本上与韭菜露地栽培相同。

(三) 无土栽培技术

大棚韭菜沙培滴灌周年栽培，使韭菜脱离了对土壤的依赖，韭菜根系直接在细沙和滴灌的营养液中生长，所需的水、肥、气、热等条件能够得到最充分的满足，根系生长迅速，避免了重金属污染和高毒、高残留农药的使用，提高了产量和品质。

1. 大棚沙培槽建设　建沙培槽在大棚内，用单砖砌成宽25～40厘米、高20～25厘米的沙培槽。槽内外用水泥抹面，以防渗水，槽两端底部安装直径1～2厘米、长度20厘米左右的金属管，管距底部的高度0.5～0.8厘米，水泥埋置一半（约10厘米），露出槽外一半（约10厘米）。槽外一半金属管便于连接浅液流（NFT）循环系统的输液管（输入管和输出管），输出管口覆盖网眼直径1～2毫米的金属网，防止沙粒堵塞或外流。沙培促进根系生长，形成强大的根系，不易传播土传病害。沙培槽两端分别固定一根高100厘米、直径2.5厘米的金属管，两支金属管顶端连接一根塑钢丝，要求绷紧，便于悬挂滴灌喷头。

2. 填充沙培基质　沙培基质利用河套、山岭的清水沙或面沙，粒径1～2毫米，用水洗净，以防带菌，填充到沙培槽中，高度低于槽口5厘米。

3. 滴灌和浅液流（NFT）循环系统　沙培槽底部采用NFT循环，上部采用滴灌。营养液池可用容积为2～5吨的塑料桶替代，放置高度与沙培槽落差100厘米（落差高，压力大，便于营养液循环和控制）。NFT循环系统的营养液输出管、输入管分别连接沙培槽两端的金属管，一端利用高度差和定时器定时输出营养液，另一端利用定时自动循环泵从沙培槽抽出多余的营养液循环送到营养液池中。沙培槽上部滴灌系统连接营养液池，每个沙培韭堆（每丛4堆）上方的塑钢丝上均匀悬挂4个滴灌头，便于从不同角度滴灌。滴灌系统和NFT循环系统分别连接到不同的营养液池中，有防止滴灌系统堵塞的作用。

4. 营养液配制　营养液配方：$Ca(NO_3)_2 \cdot 4H_2O$ 472 毫克/升、KNO_3 202 毫克/升、$MgSO_4$ 246 毫克/升、K_2SO_4 174 毫克/升、KH_2PO_4 100 毫克/升、NH_4NO_3 80 毫克/升、EC值2.6～3.0毫西/厘米、pH6.4～6.6。微量元素溶液配制：100～150 毫克柠檬酸溶解于250 升 60～80℃ 水中，依次溶入 $FeSO_4 \cdot 7H_2O$ 100～150 毫克、$CuSO_4 \cdot 5H_2O$ 50～100 毫克、$MnCl_2 \cdot 6H_2O$ 20～50 毫克、$Zn(NO_3)_2 \cdot 7H_2O$ 250～300 毫克、$B_2O_3 \cdot 3H_2O$ 50～100 毫克，搅拌、溶解，调节 pH6～7。营养液与微量元素溶

液均单独配成贮备液 1 000 升，其中营养液为 20 倍的浓缩液，微量元素溶液为 200 倍的浓缩液。配制方法：用量筒分别取营养液 50 毫升、微量元素溶液 5 毫升，混溶，最后定容至 1 升，调节 pH6～7。

5. 韭菜沙培

（1）品种选择 选择分蘖力强、抗病抗逆性好、叶片肥厚的高产优质品种，如 791、雪韭 6 号等。

（2）播种育苗 选择色泽鲜亮、籽粒饱满的新种播种。每亩沙培槽建造 66 米² 沙培床（使用面沙），播种 500～800 克。当地温稳定在 5～10℃时即可播种。播种前浸种催芽，待种子露白后再播。播种须均匀，覆盖面沙厚 1.0～1.5 厘米。播种后及时喷水，湿度保持在 75%～90%，然后覆盖地膜，有利于增温保墒，出苗后揭去地膜。种植当年不割韭，但要加强管理，养根壮苗。

（3）韭苗移栽 栽植前沙培槽要喷透起苗水，选 2 年生以上壮苗挖起，并抖去细沙，剪掉须根先端，留 2～3 厘米，以促进新根发育。叶可剪去一部分，以减少叶面水分蒸发，留下短缩茎根。采用插栽丛植的方式进行移栽，定植行距 15～25 厘米，丛距 17～20 厘米，每丛 4 堆，每堆 4～6 株。

（4）田间管理

跳根培沙：新叶萌发后，叶长 25～28 厘米时可收割。留花养薹韭菜 5 月开始不割，6～7 月即可抽薹开花。从第二年开始每年韭菜收割第一刀后应培沙一次，沙厚 1 厘米，以解决韭菜逐年跳根问题。沙培 5 年后，选适当时机连根拔起韭菜堆，去除老根、盘根，分成单株，剔除病弱苗，重新换沙培育壮苗。

滴灌和浅液流（NFT）循环：移栽后浇一次透水，新根发出后，再滴灌营养液。一般每隔 24 小时滴灌营养液 2～3 小时，滴灌速度为每分钟 30～60 滴，每亩每次滴灌量 240～720 克。晚上不灌。叶色黄则多滴灌营养液，叶色浓绿则少灌。NFT 循环每 24 小时循环 1 小时，每亩每小时滴灌量 1～2 吨。发现沤根及时引流，并停止滴灌和 NFT 循环 24～48 小时，进行大棚通风透气，以后再干湿交替 24～48 小时，直至恢复正常生长。NFT 循环系统能有效补充营养，也能及时排出多余营养液，而且进液和出液同时进行，有利于透气，防止沤根。

大棚通风降温：冬春季当大棚内温度达 20～25℃时，应开始放小风。随着温度的升高，应逐渐加大放风量。通风速度要慢，不要让冷空气突然大量进入棚内。棚温要求白天不高于30℃，夜间不低于 8℃，尽量缩小昼夜温差。原则上不通底风，只打开大棚中上部的放风口，既有利于降温，又容易排出湿气和有害气体。夏秋季气温很高，应全天全部开启大棚，通风降温，但防虫网应全部覆盖。当夏季气温高于 30℃时，应覆盖黑色遮阳网降温。

五、韭菜病虫害防治

(一) 病害

1. 韭菜疫病 用 25％瑞毒霉 600 倍液灌根，用药量 15 千克/公顷；也可用 40％乙磷铝 200 倍液灌根，用药量 37.5 千克/公顷，或 75％百菌清 600 倍液灌根，用药量 15 千克/公顷。每隔 7～10 天用药一次，连续防治 2～3 次。

2. 韭菜灰霉病 用 50％ 速克灵可湿性粉剂 1 000～1 500 倍液或 90％灰霉 500 倍液、50％ 扑海因 1 000～1 500 倍液，每次用药液 600～750 千克/公顷，一般每隔 7～10 天喷 1 次，连喷2～3 次。

3. 白粉病 用 4％宁南霉素 750 米/公顷或 25％三唑酮750～900 克/公顷、10％苯醚甲环唑 525～750 克/公顷、氟硅唑（商品名福星）112.5 毫升/公顷等，交替使用，连喷 2～3 次。

(二) 虫害

1. 韭蛆 韭蛆药剂防治在成虫羽化盛期，利用成虫大多集中在地面爬行的习惯，于 9～11 时喷 50％辛硫磷乳油 800 倍液或 2.5％敌杀死乳油 4 000 倍液喷于根际附近地面；在幼虫为害期，根据为害情况，可用 50％辛硫磷乳油或 40％乐果乳油 600 倍液，或 80％敌百虫可湿性粉剂 1 000 倍液灌根，用药 15～22.5 千克/公顷，最好扒开韭根附近的表土施药。

2. 韭萤叶甲　防治方法：①清洁田园，铲除杂草。②播前深耕晒土。③铺设地膜栽培，防治成虫把卵产在根上。④用黑光灯诱杀成虫。⑤药剂土壤处理和叶面喷雾，常用药剂有 90％晶体敌百虫 1 000 倍液或 80％敌敌畏乳油 1 000 倍液、50％马拉硫磷乳油 800 倍液、20％速灭菊酯乳油 2 000 倍液、25％杀虫双水剂 500 倍液喷雾。幼虫为害严重时，用上述药剂灌根。

六、韭菜采收

当年韭菜一般不收割，主要是发棵养根。如果播种早，土壤肥力高，植株长得旺，直播韭菜可在立秋前后收割一次，育苗移栽的当年基本不收割。韭菜再生能力强，生长速度快。一年可收割多次，但为持续高产，防止早衰，应严格控制收割次数。主要在春秋两季收割，每年收割 6 次为宜。韭菜每次收割留茬高度 3 厘米，留茬过高影响本茬产量和质量，过低损伤根茎，影响下茬的生长和产量。收割时间在晴天早晨最好，此时叶面水分尚未蒸腾，叶片鲜嫩，品质好。收割后要及时培土压沙，清理畦面，锄松，搂平，以利伤口愈合，以免由于"跳根"造成严重缺株断垄，失去继续生产的价值。保护地生产中尤应注意。

第六章

蕹菜设施栽培

蕹菜,别名竹叶菜、空心菜、藤菜、藤藤菜等。在我国长江流域及以南地区普遍栽培,采收期从 4 月开始可延续到 10 月,是夏季极为重要的绿叶蔬菜之一。

一、蕹菜植物学特征

蕹菜属蔓生植物,根系分布浅,为须根系,再生能力强。茎蔓生,圆形而中空,柔软,绿色或淡紫色,茎粗 1～2 厘米。茎有节,每节除腋芽外,还可长出不定根,节间长 3.5～5 厘米,最长可达 7 厘米。子叶对生,马蹄形。真叶互生,叶面光滑,全缘,极尖,叶脉网状,中脉明显突起,叶为披针形,长卵圆形或心脏形。叶宽 8～10 厘米,最宽可达 14 厘米,叶长 13～17 厘米,最长可达 22 厘米。叶柄较长,12～15 厘米,最长 17 厘米。花腋生,完全花,苞片 5 片,花冠漏斗状,白色或浅紫色。花期 7～9 月。种子中空呈凹形,果为蒴果,近圆形,黑褐色,有细毛,千粒重 32～37 克。以种子或嫩茎繁殖,北方以种子繁殖。

二、蕹菜生长发育对环境条件的要求

1. 温度　蕹菜性喜高温多湿环境。种子萌发需 15℃以上的温度,蔓叶生长的适宜温度为 25～30℃,温度高,生长快且旺盛,采摘间隔时间愈短。能耐 35～40℃ 的高温,不耐霜冻,15℃以下蔓叶生长缓慢,10℃以下蔓叶停止生长,遇霜茎叶即枯死。冬季或早春栽培,采用大棚并加温,以满足其生长对温度条件的要求。

2. 光照 蕹菜属高温短日照作物，分旱栽、水栽两种方式，我国南方旱栽、水栽并存。水栽品种（统称水蕹）对日照的要求十分严格，一般情况下不能开花结籽，只能用无性繁殖的方法进行生产；旱蕹对短日照的要求没有水蕹严格，一般情况下都能开花结籽。蕹菜喜日照充足，较耐荫，可密植栽培。

3. 水分 蕹菜根系发达，不定根多，吸收水分能力强，由于叶片大、蒸发量大，栽培密度高，需水量大，所以需要较为湿润的环境；当环境湿度低，则藤蔓粗老，严重影响品质，产量也明显下降，旱蕹的耐旱能力较水蕹强；蕹菜具有较强耐涝性，是夏季高温多雨季节极为重要的绿叶蔬菜之一。

4. 土壤 蕹菜对土壤质地、酸碱度的要求不严格，在黏、壤及沙质土壤均可生长，既可旱地栽培，又可水田栽培。蕹菜生长旺盛，需肥量大，尤其对氮肥的需求量较大，在保水保肥力强的黏质土壤中生长较好。

三、蕹菜类型和品种

(一) 类型

1. 子蕹 用种子繁殖，耐旱力较藤蕹强，一般栽于旱地，但也有水生。子蕹又分白花和紫花两种。白花子蕹花白色，茎秆较细，叶片大，对日照反应迟缓，适应性强，质地脆嫩，高产，全国各地栽培。如广州大骨青、大鸡黄、温州蕹菜，适于浅水栽；浙江龙游蕹菜适于水面栽培。紫花子蕹花紫色，茎秆略带紫色，品质较差，面积较小，如湖北红梗竹叶菜。

2. 藤蕹 用茎蔓繁殖，一般开花少，更难结籽。质地柔嫩，品质较好，生长期长，产量更高。以水田或沼泽地栽培为主，也可在旱地栽培。如湖南藤蕹、四川藤蕹、广州通菜、江西水蕹。

(二) 主要品种

1. 泰国蕹菜 由泰国引进。叶片竹叶形，青绿色，梗绿色。茎中空，粗壮，向上倾斜生长。耐热，耐涝，夏季高温多湿生长旺盛。不耐寒，适于高密度栽培。质脆，味浓，品质优良。亩产3 000千克。

2. 吉安蕹菜　江西地方品种。植株半直立，茎叶茂盛，株高42～50厘米，开展度35厘米。叶大，心脏形，深绿色，叶面平滑，全缘。茎管状，绿色，中空有节。生长期较长，播种至始收50天，可延续收获70天。亩产3 000～3 500千克。

3. 子蕹菜　湖南省地方品种。植株半直立，株高25～30厘米，开展度12厘米。茎浅绿色，叶戟形，绿色，叶面平滑，全缘，叶柄浅绿色。早熟，播种后50天即可采收，生长期210天。亩产2 500～3 000千克。

4. 白壳　广州市农家品种。植株生长健旺，分枝较多。茎粗大，青白色，微有槽纹，节细且较密。叶片长卵形，上端尖长，基部盾形，深绿色，叶脉明显。叶柄长，青白色。适应性强，可旱地或浅水栽培。品质好，产量高。亩产7 000千克。

5. 丝蕹　又名细叶蕹菜。南方喜食品种。植株矮小，叶片较细，短披针形，叶色深绿。茎细小，厚而硬，节密，紫红色，叶柄长，抗逆性强，耐寒、耐热、耐风雨，适于旱地栽培，亦可浅水栽培。质脆，味浓，品质甚佳，但产量稍低。从播种至始收60～70天，延续采收可达180天以上。亩产约2 500千克。

6. 广东大鸡青蕹菜　广州市郊区地方品种。株高42厘米左右。茎粗大，浅绿色，节较密。播种至始收约70天，生长势强，可延续采收150天。抗逆性强，较耐寒。质稍粗，品质中等。

7. 湘潭藤蕹　湖南省地方品种。株高28厘米。茎匍匐，间有褐色斑点，叶色浓绿，心脏形。花紫色。晚熟，喜温暖湿润，耐热、耐渍，不耐霜冻。侧枝萌发力强，开花迟，不结籽，茎叶柔软，品质好。

按蕹菜对水的适应性又可分为旱蕹和水蕹。旱蕹品种适于旱地栽培，味较浓，质地致密，产量较低。水蕹适宜于浅水或深水栽培，也有些品种可在旱地栽培，茎叶比较粗大，味浓，质脆嫩，产量较高。如四川成都水蕹菜等。

四、蕹菜栽培季节及栽培技术

（一）栽培季节

1. 春提早保护地栽培　2月上中旬直播栽培，也可进行育苗移栽。如有条件可进行温床育苗（如电热温床或酿热物温床），其播种期可提早到1月份。3月初定植，3月底开始上市，6月初收获完毕。

2. 夏季栽培　6月上旬至6月底播种在大棚内，水要浇透，覆盖遮阳网，遮阴，降温，保湿，促进早生快长。也可与大棚内迟熟瓜类和豆类蔬菜间作，要求保持土壤湿润，有利于提高产量和品质。多直播，很少移栽。每公顷用种量150～225千克。

3. 秋季栽培　秋蕹菜利用大棚于7月上旬至8月底播种，前作一般为早熟夏菜，在高温晴天也宜覆盖遮阳网。多直播，也可育苗移栽，每公顷用种量120～150千克。8月上旬至10月上旬供应上市，产量稳定，菜农种植较多。

4. 冬季栽培　华南地区冬季栽培时期为10月至翌年2月，在绿叶蔬菜较为缺乏的1～4月上市，可获得较高的经济效益。播种时一般加大种子量，间拔采收，也可采用留茎基部侧芽多次采收的方法。

采用无性繁殖的，四川省于2月在温床进行种藤催芽，3月在露地育苗，4月下旬露地定植。湖南省于4月下旬扦插。广西可在3月下旬扦插，6～7月植株衰老时再扦插一次。广东省是用宿根长出的新侧芽于3月露地定植。

（二）棚室高效栽培技术

子蕹用种子育苗，苗床用旱地或水田均可。藤蕹有直接扦插法、间接打插法，也可用去年的宿根分枝繁殖。栽培方式依地势不同分为旱地栽培、水田栽培。旱地栽培即种在通常的菜园里。

水田栽培可种在水稻田或地势低洼的菜园里。

1. 整地施肥　选择土壤疏松肥沃、排灌方便的田块。因蕹菜生长速度快，分枝能力强，需肥水较多，宜施足基肥。一般施入腐熟猪粪 22 500 千克/公顷，以过磷酸钙 750 千克/公顷或 150 千克/公顷磷酸二铵做基肥，翻耕整地作畦，畦宽 1 米，要求土壤细碎，畦面盖地膜保湿提温。

2. 播种与育苗　一般直播，且以撒播为主。早春蕹菜栽培因气温较低，加上种皮厚而硬，发芽缓慢，如遇低温多雨天气，容易造成烂种。因此，要浸种催芽后再播种。浸种需 24 小时左右，浸种后置于 30℃温箱中催芽。3～4 天后，70％种子露白时即可播种。播种前浇足底水，然后撒播。亩播种量 10～15 千克，播后用细土盖籽，厚 1 厘米左右。用 96％金都尔 45～60 毫升兑水 50 千克喷雾畦面，防除杂草；用地膜覆盖畦面保温保湿，播种后覆盖稻草，关闭棚门提温，以促进出苗。夏季种植可不浸种催芽，直接干籽播种。搭拱棚覆盖遮阳网降温。也可育苗移栽（种子处理方法同前）。亩苗床播种量 30 千克，秧田与大田比为 1∶10～15。播种及苗床管理方法同直播大棚。蕹菜移栽方法有 2 种：一是当苗高 10 厘米、4～5 片真叶时定植，定植株行距 12 厘米×15 厘米，每穴 2～5 株，栽后及时浇水定根；二是当苗高 18～21 厘米时，可剪苗定植于大田。其他管理措施同直播栽培。冬季播种育苗一般采用加大种子量，间拔采收为主，或采用留茎基部侧芽多次采收。

营养繁殖可用老蔓扦插或用上一年宿根进行分枝繁殖。方法有很多种，其一是采用贮蔓育苗法，即将上一年窖藏的藤蔓先在 25℃左右的温床催芽，待苗高 10～16 厘米扦插于水田中。扩大繁殖系数后，再扦插于本田。其二是将上一年留好的藤蔓直接栽植于本田沟里，当幼苗长达 30 厘米以上时压蔓，以便再生新根，促进新苗。以后需经常压蔓，直到布满全田。也可用上一年的宿根长出的新侧芽直接定植于旱地。

3. 田间管理 蕹菜的管理原则是早栽植，多施肥，勤采摘。一般在株高 25～30 厘米时基部留 2～3 片叶采摘，侧枝发生后留 1～2 节采收。每次采摘后 2～3 天伤口愈合时，追施一次粪水。蕹菜是一次栽植多次采收，采收期从 4 月至 10 月，一般每亩旱地栽培可产 2 500～3 000 千克，浮水栽培可产 6 000～7 500 千克。

（1）春提早设施栽培关键技术 早春蕹菜栽培采用塑料大棚套小棚的保护栽培设施，出苗前棚内温度应保持在 30～35℃，增温保温，促进出苗。当 80% 种子开始顶土时，揭去畦面上的地膜等覆盖物，并随即将薄膜搭建成小拱棚保温。出苗后棚内温度掌握在白天 25～30℃，夜间 20℃左右，进入正常的温湿度管理。寒潮天气时密闭大棚保温增温，使棚温达到 10℃以上；当棚内温度高于 35℃时，要通风换气。在适宜的温度范围内，高温高湿有利于蕹菜生长。因此，在生产实际中，做好早春大棚内蕹菜的保温防寒工作，是实现早熟丰产的关键一环。当苗高 7～8 厘米、棚外温度达 15℃以上时可揭膜，在揭膜前加强通风锻炼幼苗。苗期需经常浇水保持土壤湿润，以利生长。齐苗后，依据长势追肥 1～2 次，每次每亩施尿素 2.5～3 千克。

（2）夏季设施栽培关键技术 为了提高蕹菜的产量和效益，在夏季设施栽培中，只需将大棚两边掀起来通风即可，棚内温度高于 35℃时，可用遮阳网覆盖棚膜。由于棚内温度较高，蕹菜生长速度快，有利于产量形成和品质提高。露地栽培每周平均采收一次，越夏覆盖延后栽培每周平均可采收 2～3 次，是促进蕹菜增产增收的有效措施。苗高 6～7 厘米时第一次追肥，每亩用尿素 7.5 千克，用水溶解后浇施；第二次于采收前一周，每亩用尿素 10 千克。若茎细、叶小、叶色变淡黄，易抽生爬藤，是缺氮的症状，应及时补施速效氮肥，如硫酸铵或 0.2%～0.3% 的尿素，根外追肥。

（3）秋延后设施栽培关键技术 秋分后，可将蕹菜畦面扣塑料小棚以延长其生长期。通过放风，使白天保持畦温 30～35℃，夜间 15℃左右。若有草帘条件，可从 10 月起覆盖小棚，到冬至前（12 月中旬），可收获 1～2 次。

（4）冬季设施栽培关键技术　蕹菜出苗后，低温是最大的影响因素，防低温冻害是此期蕹菜栽培成功的关键。蕹菜喜高温高湿环境，不耐霜冻，遇霜冻茎叶易枯死，冬季大棚栽培注意保温防寒。播后及时密闭大棚，保证棚温高于 10℃。阳光充足、温度较高时通风降温，避免棚温高于 35℃。棚内湿度过大时，揭开大棚两端或四周的薄膜降湿。防止植株发生病害，以保持旺盛生长，提高产量。苗期可用 10%～15% 稀人粪尿淋施，每亩 1 000～1 500 千克；当幼苗 3～4 片真叶时，用复合肥 15～20 千克和尿素 2～4 千克混合施用；采收期每采收一次追肥一次，每亩施复合肥 5～8 千克。施肥后要及时用清水浇洗，以免因烧苗影响产品质量。

（三）浮生栽培技术

浮生栽培是利用泥层厚、肥沃、水深 30 厘米以上的水塘、水沟或河浜栽培，用稻草绳、棕绳或细竹竿等夹着，两端套在竹桩或木桩上，使竹竿上的蕹菜随水涨落浮生于水面。蕹菜品种大都可以在水田生长，所产蕹菜茎叶脆嫩。浮生栽培既可以提高产量品质，又能较好地起到洗盐压盐、淹杀病虫草害的作用。

1. 田块选择　水蕹菜属于水生蔬菜，在有浅薄水层的条件下生长较好，水分不足会导致生长缓慢，品质下降。因此，设施田块应具备较好的灌溉及贮水条件。水蕹菜属于速生叶菜类，需要土壤肥沃、有机质含量较高的田块。

2. 设施田块的前期准备　使用较大的竹子扎成框架，较小的竹子沿框架构成一个有间隙的竹排，把带有通水小孔的竹筒（或塑料管）按 15 厘米的距离扎在竹子上，用于栽培蕹菜。蕹菜栽培完成后将竹排放入水中，进行水上拼接组装，连接成浮岛，组装的浮床能随水位变化上下浮动，为方便管理、采摘时能用小船穿行其间，在开阔的水体中预留一定的间距，以便人员进行生产操作。

3. 适时播种与定植　长江流域以露天栽培为主，播种期在 3 月上中旬，定植在 4 月上中旬。采用育苗移栽的方法，多采用平畦育苗，撒播。每亩苗床用种量 18～20 千克。当苗高 15～20 厘米时分批取大苗移栽定植于竹筒或塑料管中，可用泥巴将其固定。

4. 田间管理　蕹菜既然可以旱田生长，其对水位要求不严。如果洗盐压盐、淹杀病菌虫卵及杂草，至少要保持 5～10 厘米的明水层。蕹菜的产量取决于采摘的次数及每次采摘的重量，也取决于河水的营养贫富。水面种植蕹菜要人为加大产量和生长速度，可以使用叶面营养肥喷施。每采收一次后喷施一次。

5. 采收　当群体植株高度达 30～40 厘米时，适当降低水位，近地面留根茬 3 厘米左右收割，扎把销售。残留的根茬应露出水面，以免水淹腐烂。适当施用追肥，促进下茬继续生长。

(四) 玻璃温室深液流栽培技术

蕹菜无土栽培宜采用深液流栽培方式。

1. 催芽与播种　播种前用 60℃的温水浸种 2 小时，然后用冷水浸 12 小时，捞起置于 32℃恒温箱内催芽 24 小时。待种子破皮露白后即可播种。用营养钵将小石粒装至塑料苗钵 2/3 处，紧靠着排在育苗槽内，每槽约 2 000 杯，槽内放清水至塑料苗钵的 1/3 处，每个塑料苗钵播 2～3 粒种子，根尖向下，播后盖上 1～2 厘米厚的小石粒，在槽面盖上定植用的泡沫板和薄膜。待子叶稍张开，将泡沫板和薄膜打开，把清水换成营养液，浓度是完全配方的 1/4，电导率（EC）0.8～1.5 毫西，pH5.8～6.5，水位保持在塑料苗钵的 1/3 处，每天用水泵将营养液循环 1～2 小时。

2. 定植　苗高 5～7 厘米时定植。定植板（泡沫板）规格为 1.0 米×1.5 米，内设 60 个定植孔，水位保持在定植板底部的

1/3处,即营养液面可浸到钵底1～2厘米,营养液用全量配方。

3. 营养液的管理 蕹菜喜酸不耐碱性,采用偏酸性配方: N230毫克/升,P40毫克/升,K300毫克/升,Ca150毫克/升,Mg45毫克/升,Mn1.5毫克/升,B0.5毫克/升,Mo0.05毫克/升,Cu0.02毫克/升,Zn0.05毫克/升,Fe2.8毫克/升,pH5.5～6.5。生产初期EC控制在1.5～2毫西,收获期EC2～3毫西,全生长期pH5.8～6.5,每隔6天测定一次EC和pH值,根据EC下降情况,一般6～7天添加1/4完全肥料。上述配方pH值较稳定,一般不用调节。每天早上观察集液池的水位情况,补充清水,上下午各开泵循环2～3小时。整个生长期不用更换营养液。

4. 保温措施 当气温下降至20℃以下时,就要在温室周围加盖塑料薄膜。如果是栽培纯白梗种,还要在室内装上200瓦灯泡7个,每晚照明4小时,以防抽薹。

5. 采收 冬季从定植到采收约20天。当株高30～40厘米时,进行第一次采收。采收时尽量收到基部,若分株过多、植株过细时,则应疏苗。一般10～15天采收一次,可一直收到翌年4月份。

五、蕹菜病虫害防治

冬季清除地上部枯叶及病残体,并结合深翻,加速病残体腐烂,采收罢园后,要彻底清除病株残叶,集中烧毁。重病田实行1～2年轮作,施用腐熟的有机肥,减少病虫源。科学施肥,加强管理,培育壮苗,增强抵抗力。雨季来临时,及时开沟排水,田间不积水。需浇水时应选择在晴天下午进行,每次浇水不要超量,切忌大水漫灌。

(一)主要病害

病害以白锈病为主,还有褐斑病、炭疽病等。防治应重视轮作,重病田不连作,采用健康无病的种苗,发病初期用1:1:200

波尔多液喷施,每10天喷一次,共喷2~3次,或用70%代森锰锌800倍液防治,灰霉病可选用50%腐霉利可湿性粉剂1 500倍液、50%异菌脲可湿性粉剂1 000倍液,7~10天喷雾一次,连续防治2~3次。

(二)主要虫害

蕹菜的主要虫害是红蜘蛛、蚜虫、小菜蛾、斜纹夜蛾等,可设置30厘米×20厘米黄色黏胶或黄板,涂机油,按照每亩30~40块密度挂在行间,高出植株顶部,诱杀蚜虫。利用频振式杀虫灯诱杀蛾类、直翅目害虫的成虫。利用糖醋酒引诱蛾类成虫,集中杀灭。利用银灰膜驱赶蚜虫或防虫网隔离。蝶蛾类卵孵化盛期选用苏云金杆菌可湿性粉剂、印楝素或川楝素进行防治。成虫期可施用性引诱剂防治害虫。防治蚜虫可用10%吡虫啉2 000倍液,防治红蜘蛛可用5%锐劲特悬浮剂每亩20~30毫升或48%乐斯本乳油800~1 000倍、克螨特2 000~2 500倍喷雾。小菜蛾、斜纹夜蛾可选用15%安打悬浮液5 000倍或Bt乳剂500~600倍、阿维菌素500~1 000倍防治。

六、蕹菜采收

苗高25~28厘米时即可采收,采收时在基部仅保留1~2节,因为第一节上发生的侧枝长势强,粗壮肥嫩,到下一次采收时,产量高,质量好。如保留节数过多,发生的侧枝也多,会使养分分散,生长势弱,侧蔓细瘦,质量差,产量低。大棚栽培蕹菜,3月下旬开始采收,每隔7~10天采收一次,一直可采收到10月上旬结束,每亩产量5 000千克以上。

第七章

苋菜设施栽培

苋菜，别名青香苋、野刺苋、米苋等。长江流域以南栽培较多。北方地区近年来也有小面积栽培。苋菜耐热性强，适应性广，可分期播种，分批采收，能从 4 月供应到 10 月，播种面积亦大，是主要的绿叶蔬菜之一。

一、苋菜植物学特征

苋菜根较发达，分布深广。茎高 80～150 厘米，有分枝。叶互生，全缘，卵状椭圆形至披针形，平滑或皱缩，长 4～10 厘米，宽 2～7 厘米，绿、黄绿、紫红或杂色。花单性或两性，穗状花序；花小，花被片膜质，3 片；雄蕊 3 枚，雌蕊柱头 2～3 个，胞果矩圆形，盖裂。种子圆形，紫黑色，有光泽，千粒重 0.7 克。

二、苋菜生长发育对环境条件的要求

苋菜喜温暖，较耐热，生活适温 23～27℃，20℃以下植株生长缓慢，10℃以下种子发芽困难，植株生长基本停止，高于30℃，产品品质变劣。要求土壤湿润，不耐涝，对空气湿度要求不严。属短日照蔬菜，在高温短日照条件下易抽薹开花。在气温适宜、日照较长的春季栽培抽薹迟，品质柔嫩，产量高。

三、苋菜类型和品种

（一）类型

按苋菜叶片颜色不同，可以分为红苋、绿苋、彩色苋 3 个类型。

1. 绿苋 叶和叶柄绿色或黄绿色，食用时口感较红苋和彩色苋硬，耐热性较强，适于春季和秋季栽培。

2. 红苋 叶片和叶柄紫红色，食用时口感较绿苋软糯，耐热性中等，适于春节栽培。

3. 彩色苋 叶边缘绿色，叶脉附近紫红色，质地较绿苋软嫩，早熟，耐寒性较强，适于早春栽培。

(二)品种

1. 蝴蝶苋 中国农业科学院蔬菜花卉研究所育成。叶片心脏形，全缘，叶片红绿掺半，似彩蝶。叶长 10 厘米，宽 8 厘米，叶柄长 4～5 厘米。早中熟。植株较耐抽薹，耐热，耐旱。每亩产量 1 000～2 000 千克。

2. 大柳叶彩苋 中国农业科学院蔬菜花卉研究所育成。叶阔柳叶形，全缘，叶心红色，边缘绿色。叶长 15 厘米，宽 9 厘米，叶柄长 4 厘米，腋芽较多。中熟。植株耐抽薹，耐热，抗枯萎病。

3. 青米苋 上海地方品种。植株高大，生长势强，分枝较多。叶片卵圆形或阔卵圆形，长 9 厘米，宽 8 厘米，先端钝圆，绿色，全缘，叶面微皱。分枝多，侧枝生长势强，可分批多次采收。叶肉较厚，质地柔嫩，品质优良，耐热。中熟，生长期 50 天左右。每亩产量 1 500～2 000 千克。

4. 白苋菜 上海市地方品种。叶卵圆形，长 8 厘米，宽 7 厘米，先端钝圆，叶面微皱，叶及叶柄黄绿色。较晚熟，耐热力强。

5. 无锡青苋菜 1 号 株高 20～25 厘米，叶片阔卵形，长 8 厘米，宽 7 厘米，叶色淡绿，茎、叶脆嫩，纤维少，口感少。耐高温，抗病能力强。

6. 大红袍 重庆市地方品种。叶卵圆形，长 9～15 厘米，宽 4～6 厘米，叶面微皱，蜡红色，叶背紫红色，叶柄淡紫红色。

早熟，耐旱力强。

7. 红苋 广州市地方品种。叶卵圆形，长 15 厘米，宽 7 厘米，先端锐尖，叶面微皱，叶片及叶柄红色。晚熟，耐热力较强。

8. 红苋菜 云南省昆明市地方品种。植株生长势中等，开展度 25 厘米。茎绿色泛红，纤维少，柔嫩多汁，叶圆形，下半部红色，上半部青绿，叶面稍皱，直径 4.5 厘米，全缘，叶柄浅红。生长期 40 天左右。具有耐热、播期长、商品性好、不易老、品质佳等优点。

9. 鸳鸯红苋菜 湖北省武汉市地方品种。植株生长势中等，开展度 25 厘米。茎绿色泛红，纤维少，柔嫩多汁。叶圆形，下半部红色，上半部青绿，叶面稍皱，直径 4.5 厘米，全缘，叶柄浅红。生长期 40 天左右。具有耐热、播期长、商品性好、不易老、品质佳等优点。

10. 尖叶红米苋 又名镶边米苋。上海市地方品种。叶长卵形，长 12 厘米，宽 5 厘米，先端锐尖，叶面微皱，叶边缘绿色，叶脉附近紫红色，叶柄红色带绿。较早熟，耐热性中等。

此外，绿苋品种还有江苏省南京的秋不老，浙江省杭州的尖叶青，湖北省的圆叶青，四川、福建省的青苋菜等。红苋品种有浙江省杭州市的红圆叶，江西省南昌市的洋红苋等。彩色苋品种有广州市的中间叶红，上海市、杭州市的一点珠，四川省的蝴蝶苋以及湖南省的一点珠等。

四、苋菜栽培季节和栽培技术

(一)栽培季节

苋菜从春季到秋季都可栽培，春播抽薹开花较晚，品质柔嫩；夏秋较易抽薹开花，品质较差。一般而言，气温稳定在 15℃以上即可播种，露地 3～10 月均可分期播种，分期收获。利用设施栽培苋菜主要有三个茬口：

1. 早春设施栽培　利用大棚套小拱棚早熟栽培,长江中下游地区2月中旬至3月上旬播种,4~5月上市。北方地区日光温室在2月播种,可在4月上中旬上市。

2. 越冬设施栽培　日光温室在11月中下旬播种,春节前后上市。越冬大棚栽培从11月中旬至12月均可播种,其中以11月下旬播种最佳,采收期可提早至翌年春节。

3. 夏季设施栽培　在6月中旬至7月中旬分期播种,生长快,采收早,可在8~9月蔬菜淡季供应。

(二)栽培技术

1. 整地作畦　播种前,每亩栽培地施用优质腐熟农家肥3 000千克以上,过磷酸钙100千克或磷酸二铵15~20千克,均匀撒施到地面,然后深翻细耙,整平作畦,畦宽1.2米。

2. 播种　苋菜多数采取直播,也可移栽。因种子细小,一般采用撒播,用种量11.25~15.00千克/公顷。播种时可将种子掺入适量细沙,均匀撒播到畦面,用脚踩实、镇压或覆盖一层粪土,早春和越冬栽培需覆盖地膜,以提高地温。

3. 田间管理

(1)早春设施栽培关键技术　苋菜早春栽培保温措施至关重要。从播种到采收棚内温度要保持在20~25℃,需大棚里套小棚,特别寒冷时需在小棚上再加盖一层薄膜或草包等保温材料。在浇足底水的情况下,出苗前不再浇水;出苗后如遇天气晴好,结合追肥进行浇水,如遇低温严禁浇水,以免引起死苗。苗全后及时揭地膜并通风。通风方法:先小后大,即先将大棚两头打开,内棚关闭,后揭小棚膜,大棚两头关闭。两种方法交替使用,在不使苋菜受冻的情况下让其多见光,当温度稳定在20~25℃时,揭去小拱棚,并同时打开大棚的两头。通风时间是晴天的中午,每次2小时左右。每采收一次,浇一次水,追一次肥。

(2)越冬设施栽培关键技术　冬季播种出苗缓慢,一般需7~10天。在浇足底水的基础上,出苗前一般不再浇水,种子出苗后及时揭开地膜。密闭小拱棚和大棚，保持水分，促进齐苗，以后视气温和苗情（如畦面温度超过30℃）通风换气。2～3片真叶期追施第一次肥，隔12～15天追施第二次肥，一般亩追施氮磷复合肥10千克，以后每采收一次追肥一次，以追施速效氮肥为主。一般追肥后浇水，使肥料溶解，并注意通风换气，防止尿素转化过程中造成烧苗。采用电热线加温，水分蒸发量大，要加强水分管理，一般每7天用洒水壶喷一次水，喷透。如有杂草，应及时拔除。

（3）越夏设施栽培关键技术　经常保持田间湿润即可。夏播苋菜只需3～6天出苗，出苗后应及时除草，并加强水肥管理，保持土壤湿润。在盛夏高温期，还需覆盖遮阳网降温保湿，做到昼揭夜盖，创造有利于苋菜生长的适温环境，并有利于提高产量和改善品质。施肥的方法同越冬栽培。基肥充足的，生长期间可不追肥。

五、苋菜病虫害防治

（一）病害防治

1. 白锈病　苋菜的病害主要是白锈病。加强田间管理，适当稀植，做好清洁田园工作，合理施肥。播种前用25%雷多米尔可湿性粉剂或64%杀毒矾可湿性粉剂拌种；发病初期选喷58%雷多米尔·锰锌可湿性粉剂500倍液或50%甲霜铜可湿性粉剂600～700倍液、64%杀毒矾可湿性粉剂500倍液、60%甲霜铝铜可湿性粉剂500～600倍液喷施。隔5～7天喷一次，连防3次。

2. 病毒病　注意防除传毒蚜虫。发病后酌情喷施高锰酸钾600～1 000倍液或5%菌毒清水剂200～300倍液，隔5～7天喷一次，连防3次。

3. 炭疽病　喷施植宝素或喷施宝等，隔7～10天喷一次，连防2～3次，采收前7天停止用药。

4. 幼苗猝倒病 播前土壤消毒，可甲霜灵＋代森锰锌（9：1）混剂采用药土护苗的办法进行。出苗后喷施 25% 甲霜灵可湿性粉剂 1 000 倍液或高锰酸钾 600～1 000 倍液，隔 5～7 天喷一次，连防 3 次。

(二) 虫害防治

1. 螨虫 防治方法：①清除杂草，减少螨源；②加强水肥管理，增强植株抗性；③害螨点片发生时及时挑治，有螨株率 5% 以上时普治。可用 1.8% 阿维菌素乳油 2 000～3 000 倍液或 10% 复方浏阳霉素乳油 1 000 倍液等喷雾。

2. 蚜虫 防治蚜虫可用 50% 抗蚜威可湿性粉剂 2 000～3 000 倍液或 2.5% 功夫乳油 4 000 倍液、灭杀毙 6 000 倍液，也可用吡虫啉或避蚜雾喷雾防治。

3. 斑潜蝇 于 8～11 时露水干后幼虫开始活动或老熟幼虫多从虫道中钻出时，喷洒 75% 潜克可湿性粉剂 5 000～7 000 倍液，也可用爱福丁、绿得福 1 500～2 000 倍液等。

六、苋菜采收

苋菜是一次播种分批采收的叶菜。第一次采收多与间苗结合，一般在播种后苗高 15～20 厘米、5～6 片叶时通过间苗采收大苗。采收时要掌握收大留小、留苗均匀的原则，以增加后期产量。植株高 25 厘米时可在基部留 10 厘米左右，割收上部的嫩梢上市，以后可根据苋菜的长势每隔 20 天左右割收一次嫩梢。

第八章

茼蒿设施栽培

茼蒿，别名蓬蒿、春菊、蒿子秆儿。

一、茼蒿植物学特征

茼蒿为直根系，株高 20～30 厘米。茎直立，光滑无毛，通常自中上部分枝。叶互生，叶羽状分裂或边缘锯齿。头状花序异型，单生茎顶或少数生茎枝顶端，不形成明显的伞房花序。边缘为一层舌状雌花，中央盘花为两性管状花。总苞呈宽杯状，总苞片 4 层。舌状花长椭圆形或线形。茼蒿的种子为褐色瘦果，有棱角，千粒重 1.8～2 克。

二、茼蒿生长发育对环境条件的要求

茼蒿喜冷凉，较耐寒，适应性广，在 10～30℃温度范围内均能生长，以 17～20℃为最适温。种子 10℃时即能发芽，以15～20℃为最适温。在较高的温度和短日照条件下抽薹开花。对土壤要求不甚严格，但以湿润的沙壤土、pH5.5～6.8 为最适宜。

三、茼蒿类型和品种

(一) 类型

依据叶的大小分为大叶茼蒿和小叶茼蒿两类。大叶茼蒿又称板叶茼蒿或圆叶茼蒿，叶大而肥厚，叶缘缺刻浅，生长缓慢，生长期长，成熟期较晚。较耐热，耐寒力不强，产量高，品质好，适宜南方种植。小叶茼蒿又称花叶茼蒿或细叶茼蒿，叶狭长，叶缘缺刻深，生长快，早熟，耐寒力强，味浓但质地较硬，品质不及大叶茼蒿,且产量较低,适宜北方栽培。

(二)品种

1. 花叶茼蒿 陕西省地方品种。叶狭长,羽状深裂,叶色淡绿,叶肉较薄,分枝较多,香味浓,品质佳。生长期短,耐寒力强,产量较高。适于日光温室和大棚种植。

2. 上海圆叶茼蒿 上海地方品种。大叶品种。叶绿,缺刻浅,以食叶为主,分枝性强,产量高,耐寒性不如小叶品种。

3. 板叶茼蒿 由台湾农友引进。半直立,分枝力中等,株高21厘米,开展度28厘米。茎短粗,节密,淡绿色。叶大而肥厚,稍皱缩,绿色,有蜡粉。喜冷凉,不耐高温,较耐旱,耐涝,病虫害少。适于日光温室和大棚种植。

4. 蒿子秆 北京农家品种。小叶品种。茎较细,主茎发达,直立。叶片狭小,倒卵圆形至长椭圆形,叶缘羽状深裂,叶面有不明显细茸毛。耐寒力较强,产量较高。

5. 香菊号茼蒿 由日本引进。中叶种。叶片略大,叶色浓绿有光泽,茎秆空心少,柔软。植株直立,节间短,分枝力强,产量高,耐霜霉病。

6. 金赏御多福茼蒿 由日本引进。大叶茼蒿。根浅生,须根多。株高20~30厘米。叶色浓绿,叶宽大而肥厚,板叶形,叶缘有浅缺刻。纤维少,香味浓,品质佳。生长速度快,抽薹晚,可周年栽培。

四、茼蒿栽培季节和栽培技术

(一)栽培季节

茼蒿为喜冷凉叶菜,不耐高温,一般多春秋两季栽培。长江流域可从8月下旬至10月上旬分期播种,以9月下旬最适宜,当年采收上市。越冬栽培,播种时间从10月下旬到11月中下旬均可,次年春季采收;春播在2月下旬至4月上旬。华南秋播从9月至翌年1月均可分期播种。北方地区冬、早春茬栽培须在塑料中小拱棚、大棚或日光温室中进行。春季栽培的播种期多在3～4月份，秋季栽培在8～9月份。冬季栽培一般在12月中旬，次年春季采收。北方高寒地区多采用夏播方式。

（二）栽培技术

1. 整地作畦　播前每亩施腐熟农家肥3 000～5 000千克，氮磷钾三元复合肥30千克，均匀撒在地面，深翻深耕后，使土壤与肥料混合均匀，耙平作畦，畦宽1～1.5米。

2. 催芽与播种　播种可干籽直播，也可催芽后播种。催芽播种有利于早出苗，出齐苗。播前宜进行浸种催芽。将种子放入25～30℃温水中浸泡24小时，捞出稍晾后在15～20℃的条件下催芽，每天用清水淘洗一遍，大多数种子露白时播种。干籽直播，一般播种用种量22.5～30千克/公顷为宜。播种时须用干细土拌均，使种子撒得开、播得匀。播后覆土，使种子覆土厚度不超过1厘米，早春和冬季播种可在畦面上覆盖薄膜，以保温、保湿，促齐苗。出苗后及时去除畦面上的薄膜。夏季和秋季可覆盖遮阳网或草帘，降温保湿。

3. 田间管理

（1）早春设施栽培关键技术　春大棚栽培可于2月中旬播种，播种后注意保温保湿，使棚内气温上升，以利于出苗及幼苗成活。待幼苗出齐应及时间苗，留强去弱，保持株距在2厘米左右，防止出现幼苗过稀或过密现象，达到田间基本均匀一致，有利于幼苗健壮生长。莴蒿忌高温，一般在15～20℃条件下植株生长良好，所以当棚内气温达到25℃以上时，注意加强通风换气，调控好温湿度，创造有利于莴蒿生长的环境。2月下旬，当苗高10厘米左右时进行追肥。追肥以速效性氮肥为主，每亩可施46%尿素15千克，结合追肥进行浇水。生长期为防止草害，可于播种后每亩喷施杀草丹150毫升（加水40千克），封闭除草。

（2）越夏设施栽培关键技术　夏季高温、雨水是导致莴蒿越夏种植失败的主要原因，因此防高温、雨水是莴蒿越夏栽培成功的关键措施。遮阳、防雨棚是解决高温、雨水的简便设施，同时还有防冰雹的作用。大棚上覆盖遮阳网，薄膜应保证在雨前及时覆盖在棚上，雨后撤掉，严禁雨水进畦。定植后，遮阳网在每天的高温时段覆盖。中午切忌浇水降温，否则会出现萎蔫死苗。当幼苗长出 2 片真叶时及时间苗，并拔除杂草，使株距在 2～3 厘米。幼苗出土前应保持土壤湿润，以利出苗，出苗至间苗浇水应掌见干见湿，小水勤浇的原则，防幼苗徒长或诱发病害。因夏季气温高，土壤水分蒸发量大，间苗后逐渐增加浇水次数和浇水量，但畦内不能长时间积水，当苗高 10 厘米时结合浇水追施速效氮肥，如尿素每亩 20 千克，在收获前 1～2 天可浇一次水。

（3）秋季设施栽培关键技术　秋季设施栽培，前期的管理同越夏栽培。秋播茼蒿应于立冬前后扣棚，扣棚后要适当控水，并视天气情况及时放风，降温、排湿，以防烂叶。

（4）越冬设施栽培关键技术　长江中下游地区冬季寒流侵袭频繁，茼蒿栽培极易发生冻害，如何防止冻害也就成了冬季茼蒿栽培的关键所在。多采用大棚多层覆盖进行生产，大棚栽培一般在 12 月中旬播种，上市期赶在春节前后容易取得较高的经济效益。播种后要保持畦面湿润，以利于出苗。多通风、光照足，促苗健壮，增强抗性，遇有霜冻天气，下午要及时盖严棚膜保温防寒。冬季如遇连续阴雨天气，大棚膜可不揭，以蓄热保温防冻。当植株长 1～2 片真叶时，开始间苗。撒播的苗距以保持 4 厘米见方为宜，苗高 3 厘米时浇头遍水，全生育期浇水 2～3 次。当苗高 9～12 厘米时，追第一次肥，随水亩冲入速效氮肥 10～15 千克，共追肥 2 次。

五、茼蒿病虫害防治

　　茼蒿对病虫害有一定的抗性，正常情况下病虫害发生较少。主要采用农业措施和药剂进行防治。农业防治可种植抗病品种或耐病品种，引种时要特别注意品种的抗病性，收获后彻底清除地面病残体，加强栽培管理，合理密植，合理灌溉，降低田间湿度，加强栽培管理，早期拔除病株。

1. 霜霉病 苗期和成株期均可发生，使叶片变黄枯萎，严重减产，药剂防治从苗期开始监测病情发展，在发病初期适时喷药，可选用58％甲霜灵锰锌可湿性粉剂500～800倍液或64％杀毒矾可湿性粉剂600倍液等。尽量用烟雾剂。隔10天喷一次，连防2～3次。

2. 炭疽病 茼蒿发生炭疽病，叶片上初生黄色小斑点，扩展后为近圆形或不规则形褐色病斑，发生在叶缘的病斑近圆形，茎上病斑长椭圆形，暗褐色至黑色，略凹陷，几个病斑可相互连接。一般可用25％炭特灵可湿性粉剂600倍液或50％炭克可湿性粉剂1 000倍液等，隔10天左右喷一次，连续2～3次。

3. 茼蒿灰斑病 茼蒿感染灰斑病，叶片上生成圆形或近圆形病斑，生于叶片边缘的病斑半圆形或不规则形，直径2～4毫米，中部灰褐色，叶缘深褐色，高湿时病斑上生出灰黑色霉状物，2个或多个病斑可相互混合。茎部病斑呈椭圆形，颜色与叶部病斑相似，严重发生时可造成叶枯。加强栽培管理，培育壮苗，增强抗病能力，合理排灌，降低田间湿度等农艺措施均能有效预防茼蒿灰斑病发生和危害。发病初期可用70％代森锰锌可湿性粉剂600倍液或75％百菌清可湿性粉剂500～800倍液，隔10天喷一次，连防2～3次。

六、茼蒿采收

一般播后40～60天、苗高20～25厘米时采收为宜。采收过早，苗虽嫩，但生长量不足，产量偏低；采收过迟，苗高过30厘米后，下部茎易老化空心，底部叶黄化，品质降低，商品性状变差。一般选大株分期分批采收。如果进行多次收获，在主茎基部留2个叶节用刀割去上部，每次采收后要浇水追肥，以促侧枝再生，侧芽萌发长大后，再留1～2片叶采收，直到开花为止。一般产量37 500～45 000千克/公顷。

第九章

芫荽设施栽培

芫荽，别名胡荽、香菜等。

一、芫荽植物学特征

芫荽主根较粗大，白色。株高 20～60 厘米，子叶披针形，根出叶丛生，长 5～40 厘米，1～3 回羽状全裂，羽片 1～11 对，卵圆形，有缺刻或深裂。花茎上的茎生叶三回至多回羽状裂，裂片狭线形，全缘。伞形花序，每一小伞形花序有可孕花 3～9 朵，花白色，花瓣及雄蕊各 5，子房下位。双悬果球形，果面有棱，内有种子 2 枚，千粒重 2～3 克。按种子大小分为两个类型，大粒型的果实直径 7～8 毫米，小粒类型的果实直径仅 3 毫米左右。我国栽培的属于小粒类型。

二、芫荽生长发育对环境条件的要求

芫荽喜冷凉，具较强耐寒性，能耐 -20～-1℃ 的低温，不耐热，最适生长温度 17～20℃，超过 20℃ 生长缓慢，30℃ 以上则停止生长。对土壤要求不甚严格，但在保水性强、有机质含量高的土壤中生长良好。芫荽属长日性蔬菜作物，12 小时的长日照能促进发育。适应性广，在中国各地生长季节内均可栽培，但以日照较短、气温较低的秋季栽培产量高，品质好。在我国南方成株可露地越冬，北方可进行保护地越冬栽培，也可进行冬季贮藏。

三、芫荽类型和品种

1. 白花芫荽　上海市地方品种。别名青梗芫荽，属小叶类型。植株直立，株高 25～30 厘米，开展度 38 厘米。叶柄长 18 厘米，绿色或浅绿色。小叶圆形，叶柄长 0.5 厘米。奇数羽状复叶，深绿。花小，白色。香味浓，品质优，晚熟，生长期 60～85 天。生长快，抽薹晚。耐寒，耐肥，病虫害少，但产量较低。全年均可播种，当地以 11 月至翌年 3 月为播种最佳时期。

2. 紫花芫荽　安徽省合肥市、湖北省宜昌市等地区均有栽培。属小叶类型。植株矮小，塌地生长，株高 7 厘米，开展度 14 厘米。二回羽状复叶，光滑，叶缘具有小锯齿缺刻，浅紫色。叶柄细长，紫红色。花小，紫红色。香味浓，品质优良。早熟，耐寒，抗旱力强，病虫害少。当地春节 2 月下旬至 4 月中旬撒播，秋季 7～8 月撒播。

3. 北京芫荽　北京地方品种。株高 30 厘米，开展度 35 厘米，奇数羽状复叶。叶卵圆形或卵形，叶缘锯齿状，并有 1～2 对深裂刻，长 2.5 厘米，宽 2 厘米，叶片绿色，遇低温绿色变深或带有紫晕。叶柄细长，浅绿色，柄基部近白色。以嫩株供食，叶质薄嫩，香味浓，可调味或腌渍食用。耐寒性强，根株在风障前稍行覆盖即可越冬，较耐旱。春季种植亩产 1 000～1 500 千克，秋季种植亩产 1 500～2 500 千克，风障茬及越冬栽培亩产 1 500 千克。

4. 泰国香菜　由泰国引进。株高 20～27 厘米，开展度 15～20 厘米，叶绿色，叶圆形边缘浅裂，叶柄白绿色，单株重 15～20 克，纤维少，香味浓，品质极优，抗病虫害，适应高温季节栽培。在春秋季节温度在 18℃以上种植不易抽薹。

5. 意大利四季耐抽薹芫荽　株高 20～30 厘米，株型美观，叶色翠绿，叶柄玉白，叶片近圆形，边缘浅裂。抗热，耐寒，耐抽薹，香味浓，纤维少，品质佳。适合周年栽培。

6. 山东大叶香菜　山东地方品种。植株较直立，株高 45 厘米。叶片大，叶色浓绿，每株有叶 8～10 片。叶柄长 12～13 厘米，浅紫色。单株重 20～25 克。味浓，纤维少，品质上等。耐寒性强，耐热性弱。生长期 50～60 天。春季种植亩产 650～1 000

千克，秋季种植亩产可达 1 300～2 000 千克。

7. 四季香芫荽 株高 26～28 厘米，开展度 15～20 厘米，主根较粗，茎短，圆柱形。叶色绿，叶柄绿白色，叶缘波状浅裂，子叶披针形，根出叶丛生。单株重 10～16 克，香味浓郁，纤维极少，商品性特优。抗热，抗寒性较强，周年均可栽培。

四、芫荽栽培季节和栽培技术

（一）栽培季节

芫荽可进行春、秋、越冬和夏季栽培，一般生长期 60～70 天。越冬栽培因冬季基本停止生长，收获期延后，生长期 5～7 个月。

1. 春季栽培 3～4 月播种，不宜过早，以免发生早期抽薹，大棚栽培可提前在 2～3 月播种，5～6 月收获。

2. 夏季栽培 6 月上中旬播种，7 月下旬至 8 月收获。

3. 秋季栽培 华北地区 7～8 月播种，9 月下旬开始收获直到入冬。长江流域可在 8～9 月陆续播种。

4. 越冬栽培 华北地区、长江流域在 9～11 月初播种，次年 3～5 月分期收获。

（二）栽培技术

1. 整地作畦 选择阴凉、土质疏松、肥沃、有机质含量丰富的沙壤土，深耕后晒畦，翻地深度一般 25～30 厘米。结合翻地施入农家肥 5 000 千克左右，作成宽 1～1.5 米平畦，整平耙细待播。

2. 催芽与播种 芫荽种子出芽缓慢，幼苗初期生长也缓慢，浸种催芽后播种有利于出苗整齐，故夏季播种最好催芽播种。先将种子搓开，用清水浸泡 12～24 小时，然后用纱布包好装入盒内保湿，置于 20～22℃温度下催芽，或吊在井下（种子不接触井水）催芽。可先经过 50 毫克/升赤霉素浓度浸种 4 小时处理，然后进行催芽，效果最佳。催芽期间每隔 24 小时翻动一次，同时用清水淘洗，稍晾后继续催芽，4～6 天即可发芽，耙平畦面后浇足底水，待水渗下后在畦面上撒一层薄土，然后再均匀撒播或条播，覆土1厘米左右，亩播种5千克左右，播后即在畦面上盖黑色遮阳网，暂不浇水，待幼苗出土后再浇水。

3. 田间管理　播后要保持土壤湿润，但不宜过湿，表土不板结，出苗才会整齐、健壮。苗高2厘米左右开始追速效氮肥，苗高3～4厘米及时中耕除草、间苗。浇水不宜过多，否则因通风透光不好、湿度过大而引起根腐病。当苗高约10厘米，进入生长旺期后浇水宜勤，经常保持土壤湿润。结合浇水可追施速效性氮肥1～2次，促进小苗快速生长。

（1）夏秋季设施栽培关键技术　夏季芫荽生长期40天左右。大棚栽培芫荽温度管理是关键。应加强通风，棚温白天维持15～20℃，最高不能超过28℃，温度过高需采取降温措施，可采用大棚加黑色遮阳网覆盖方式栽培，注意在棚中上部和顶部覆盖，留棚四周中下部透光通风。盖网时间晴天上午9时至下午16时，其他时段不盖。田间保持一定的湿度是夏季芫荽高产和优质的关键。遇到天气高温干旱，浇水要少量多次，始终保持土壤湿润，防止芫荽因缺水生长不良或死亡。可结合浇水隔10～15天施一次追肥，亩施尿素6千克左右，或叶面喷施有机液肥，有利于茎叶碧绿、柔嫩，提高品质。

（2）越冬设施栽培关键技术　越冬栽培芫荽，北方需加设防寒设施，南方不需加设防寒设备，可在露地越冬。华北较寒冷地区入冬时需加设风障或进行地面覆盖，既能安全越冬又可提早收获。封冻前结合浇冻水追施农家有机液肥1～2次。露地不加风障越冬的，浇冻水后在畦面覆盖碎牛粪、干草、塑料薄膜等防寒越冬，但覆盖不宜过厚。待翌春回暖后及时清除覆盖物，返青后开始浇水、追肥等田间管理工作。

五、芫荽病虫害防治

（一）病害防治

芫荽病害越来越严重。主要病害有立枯病、病毒病、白粉病、菌核病等。

1. 立枯病 苗床有少量病苗时，立即拔除。若床土潮湿，应撒少量干细土或草木灰，以降低湿度。若床土较干，可于晴天下午用30%苗菌敌可湿性粉剂700倍液或35%立枯净可湿性粉剂800倍液、75%百菌清可湿性粉剂600倍液、70%代森锰锌可湿性粉剂500倍液喷雾，连防2～3次。

2. 病毒病 用20%病毒必克可湿性粉剂1 200倍液或20%病毒A可湿性粉剂800倍液、1.5%植病灵乳剂500倍液喷雾，7天喷施一次，连防2～3次，采前7天停止用药。

3. 白粉病 发病初期可选用30%氟菌唑可湿性粉剂1 500～2 000倍液或50%硫磺悬浮剂200～300倍液、2%武夷菌素水剂（或2%嘧啶核苷类抗菌素水剂）150倍液、15%三唑酮可湿性粉剂1 500倍液、25%丙环唑乳油3 000倍液等喷雾，7～10天喷施一次，连防2～3次。

4. 菌核病 发病初期可选用65%甲霉灵可湿性粉剂600倍液或50%多霉灵可湿性粉剂700倍液、40%菌核净可湿性粉剂1 200倍液等喷雾，7～10天喷施一次，连防2～3次。

（二）虫害防治

主要虫害以蚜虫为主。可选用10%吡虫啉可湿性粉剂1 500倍液或50%抗蚜威可湿性粉剂2 000～3 000倍液、2.5%溴氰菊酯乳油2 000～3 000倍液等喷雾，7天喷一次，连防2～3次。

六、芫荽采收

芫荽收获期不严格，根据气温高低、幼苗大小及市场行情确定采收期。植株高达15～20厘米时即可开始采收。采收前期幼苗细小时可进行间拔；后期应用锋利角刀均匀间挑。采后及时追一次肥水，以促小苗快速生长。

第十章

落葵设施栽培

落葵，别名木耳菜、藤菜、软浆叶、胭脂菜、豆腐菜等。落葵以幼苗、嫩茎、嫩叶芽供食用，全株还可供药用，是一种保健蔬菜。我国以长江流域以南栽培较多，近年作为特菜引入北方，在全国普遍种植。

一、落葵植物学特征

落葵植株生长势强，根系发达，主根不明显，侧根多而密，茎为肉质茎，长达 2～2.5 米，横茎粗 0.6～1 厘米，节间密而短，平均长度 6～7 厘米，光滑无毛，颜色淡紫色、紫红色或绿色，柔嫩多汁，分枝能力强，能自动缠绕，可不断采嫩梢，在潮湿土表易产生不定根，可扦插繁殖。叶为单叶互生，近圆形或长卵形，先端钝或微凹，基部心脏形或近心脏形，全缘无托叶，形状似木耳，肉质光滑。穗状花序，腋生，两性花，白或紫红色。果为浆果，圆形或卵圆形，初期绿色，老熟后紫红色，内含 1 粒球形种子，种皮紫黑色，千粒重 25～35 克。开花至种子成熟一般为 45～50 天。

二、落葵生长发育对环境条件的要求

1. 温度 落葵喜温暖，耐高温高湿。种子发芽的适宜温度为 20℃左右。落葵在高温多雨的季节生长良好。植株生长的适宜温度为 25～30℃；低于 20℃生长缓慢，15℃以下生长不良；在 35℃左右的气温下，如果土壤湿润仍能生长。落葵不耐寒，遇到霜冻天气即枯死，故冬春季节进行大棚栽培需要采用多层覆盖，有时甚至需要进行加温。

2. 光照 落葵属于短日照植物，即在日照由长变短，并在较短的日照条件下容易开花；叶片生长对日照长短无特殊要求，只要光照充足，无论是短日照或长日照，叶片均能良好生长。

3. 土壤 落葵生长对土壤条件的要求并不严格，只要疏松肥沃即可；适宜的土壤 pH4.7～7，属于比较耐酸的蔬菜。叶片蒸发量大，需要较湿润的环境，但在湿度过高或积水情况下，生长不良，故要求排水良好而灌水方便的环境。另外，在大棚内栽培落葵，由于主要是在冬春季，所以宜选择升温快、保温性好的土壤，并以有机质丰富的沙壤土最为适宜。落葵在生长期间吸收的养分以氮最多，充足的氮肥供应是高产的基础。

三、落葵类型和品种

我国栽培的落葵有红花落葵、白花落葵和广叶落葵 3 个种。

1. 红花落葵 茎淡紫色或绿色，花紫红色。叶片长宽近乎相等，侧枝基部片叶较窄长，叶片基部心脏形。品种有广州红梗藤菜、福建古田木耳菜、江苏紫梗紫叶果、山西木耳菜、日本紫梗落葵等。

2. 白花落葵 茎淡绿色，叶绿色，叶片卵圆至长圆形，边缘稍波状，叶片较小，平均长 2.5～3 厘米，宽 1.5～2 厘米，花紫红色，花梗长，花序着生花数量较少。品种有广州青梗藤菜、四川染浆叶（豆腐菜）、云南软浆叶、长沙细叶木耳菜、湖北利川落葵等。

3. 广叶落葵 叶片较红花落葵和白花落葵显著宽大、肥厚，又叫大叶落葵。嫩茎绿色，老茎局部或全部带粉红至淡紫色，叶色深绿，叶片心脏形，顶端急尖，有明显凹缺，叶型宽大，叶片平均长 10～15 厘米，宽 1.5～2 厘米，穗状花序，花梗长 8～14 厘米。代表品种有贵阳大叶落葵、江口大叶落葵等。

四、落葵栽培季节和栽培技术

(一)栽培季节

我国南方地区落葵设施栽培季节主要有春季设施栽培、春夏设施栽培、夏秋设施栽培、冬季设施栽培。

1. 春季设施栽培 12月至翌年2月中旬播种,在播种40天至4月份采收。整个生育期全程覆盖,进行保温栽培。

2. 春夏设施栽培 3月至4月播种,4月下旬至6月收获。整个生育期全程覆盖,利用设施前期保温,后期避雨栽培。

3. 夏秋设施栽培 6~8月份播种,在播种35天至10月采收。整个生育期全程覆盖,进行避雨栽培。

4. 冬季设施栽培 9月上旬至10月中旬播种,10月至翌年2月采收。10月覆盖,进行保温栽培。

(二)栽培技术

1. 整地作畦 种植田要深翻,打破犁底层,亩施农家肥5 000千克、20千克磷酸二铵,混合后施入,老菜田区在土壤翻耙前用土壤杀菌剂拌细土撒在地面,再翻耙,杀灭土壤中的病菌。精耕细作,一般畦面宽1.2~1.5米,长度依土地而定。

2. 催芽与播种 采用温汤浸种,将种子倒入55℃温水中,边倒边搅拌,当水温降至25℃左右停止搅拌,浸种24小时后用清水漂洗2次,用纱布将种子包好,放在25~30℃环境下催芽,每天用清水冲洗一次,有半数的种子刚破壳露白时播种。播种方法分为直播法与育苗移栽法。①直播法:冬季温室或早春大棚种植,棚室内温度应稳定在15~30℃,以采收嫩茎为主,如大叶落葵,均采用撒播,一般亩用种量5千克。②育苗移栽法:冬季温室或早春大棚种植,搭架栽培的品种如红落葵、青梗落葵等采用育苗移栽。宜用加温苗床或大棚内扣小拱棚育苗,育苗移栽一般亩用种量3千克。

3. 定植 在播种后25~30天,幼苗长出4~5片真叶时定植。采收幼苗嫩梢的株行距为 15～20 厘米×20～25 厘米，采收嫩叶的株行距为 30 厘米×50～60 厘米。

4. 田间管理　　出苗后适当控温炼苗，温度不宜过高。直播的要及时间苗、定苗，去弱留强。特别在夏季杂草极易滋生，更应防止草害发生；不仅要松土、保墒、除净杂草，而且要在植株基部适当培土，以利其稳健生长。落葵是速生蔬菜，需肥量大，以氮肥为主，对铁素养分反应敏感，缺铁时心叶易黄化。因此，除应施足有机基肥外，直播的幼苗具 3～4 片真叶、移栽的缓苗活棵后，应及时轻浇水肥，促其健壮生长。

（1）温度管理　　落葵喜温暖和湿润气候，但不耐寒，遇轻霜即有可能被冻死，在高温多雨季节则生长旺盛。因此，棚室春提前栽培时，从播种到出苗一般不通风，出苗前保持棚温 20～28℃，以利出苗；出苗后适当控制棚温在 20℃左右，以免幼苗徒长；超过 30℃可小量通风，夜间温度不能低于 15℃。秋延后栽培，当气温低于 15℃时，应闭棚增温。无论是春提前或秋延后栽培，落葵在生长发育和采收阶段，温度应控制在 30℃左右，不要低于 20℃，也不要高于 35℃。在冬季和春初低温阶段，要注意棚室保温增温，保证落葵旺盛生长，从而提前供应市场，并提高产量和产品质量。当外界气温达到 25℃以上，夜间最低气温达到 15℃时，开始由小而大逐步掀棚放风，直至最后撤去保温覆盖物和塑料薄膜等，使温度不致过高，从而达到理想要求。

（2）肥水管理　　当植株长出 3 片叶后生长加快，此时应经常浇水，以保持畦面湿润，深冬季节以畦面保持见干见湿为宜。浇水过多，会降低地温，影响植株生长。进入采收期，可结合浇水每次随水亩追尿素 10 千克。追肥的原则为前轻、中多、后重。以后每采收一次要追肥一次，每亩施用稀薄人粪尿 1 000 千克左右，或用尿素 5 千克配成 0.3% 溶液浇施或点施；最好于旺盛生长前期在叶部喷施 0.2%～0.5% 硫酸亚铁溶液 2～3 次，或在心叶黄化始期喷施硫酸亚铁溶液。

（3）植株调整

①食用嫩梢：在植株长到30厘米时，留3~4片叶采收头梢，选留2个强壮侧芽成蔓，抹去其余的梢，采收二道梢后，再留2~4个强壮侧芽成梢，在生长旺盛期可选5~8个强壮侧芽成梢。中后期应随时抹去花茎幼蕾。采收后期，植株生长势逐渐减弱，可留1~2个强壮侧芽成梢，这样不仅叶片肥大，而且梢肥茎壮，品质也好，收获次数多，产量也高。

②食用嫩叶：植株长到30厘米时，搭人字架或直立栅栏架，引蔓上架，一般以直立栅栏架为好。整枝法较多，选留的骨干蔓除主蔓外，一般均应选留基部的强壮侧芽成为骨干蔓。骨干蔓一般不再保留侧芽成蔓，当骨干蔓长至架顶时摘心，摘心后再从骨干蔓基部选一强壮侧芽成蔓，逐渐代替原来的骨干蔓。原骨干蔓上的叶片采完后，从紧贴新骨干蔓处剪掉下架。在采收后期，可根据植株生长势强弱，减少骨干蔓，同时尽早抹去幼茎花蕾。

五、落葵病虫害防治

（一）主要病害

落葵主要病害有蛇眼病、灰霉病和花叶病毒病。

1. 蛇眼病 又称红点病。适当密植，避免浇水过量及偏施氮肥过多。用75%百菌清可湿性粉剂1 000倍液和70%甲基托布津可湿性粉剂800~1 000倍液混合液喷施；也可施用50%速可灵可湿性粉剂1 500~2 000倍液喷施。隔7~10天喷施一次，连续喷施2~3次。

2. 灰霉病 及时通风提高温度，可预防此病发生。保护地可用20%速克灵烟剂熏蒸，或用70%甲基硫菌灵悬浮剂1 500~2 000倍液喷施。每隔7天喷施一次，喷施2~3次。

3. 花叶病毒病 用10%病毒必克可释性乳油1 500倍液喷施，或20%病毒A可湿性粉剂500倍液等抗毒剂，加磷酸二氢钾，隔7天喷施一次，喷施2~3次。

(二)主要虫害

1. 蚜虫 在蚜虫点片发生阶段，即有翅蚜尚未迁飞扩散前，及时施药。药剂可选用50％抗蚜威2 000～3 000倍液或10％吡虫啉可湿性粉剂1 000～2 000倍液、2.5％鱼藤酮乳油500倍液、10％氯菊辛乳油1 200～2 400倍液、15％乐溴乳油2 000～3 000倍液、70％溴马乳油2 500～4 000倍液喷雾。

2. 小地老虎 又叫土蚕、切根虫等。对落葵幼苗为害最重。在3龄以前喷药防治，药剂可选用2.5％溴氰菊酯或20％菊马乳油3 000倍液、21％灭杀毙8 000倍液、50％辛硫磷800倍液、20％杀灭菊酯乳油2 500～3 000倍液、90％晶体敌百虫1 000倍液、80％敌敌畏乳油1 500倍液。

3. 蝼蛄 药剂防治首先是施用毒土。每亩用90％晶体敌百虫100～150克或50％辛硫磷乳油100克，拌细土15～20千克制成毒土，在播种或定植时施于播种沟或植穴内，其上覆一层土，然后播种或定植。其次是药液灌根。可用75％辛硫磷1 000倍液或90％晶体敌百虫800倍液、25％西维因可湿性粉剂800倍液灌根。第三是喷施药液或药粉。在成虫集中地适时喷施50％辛硫磷乳油1 000倍液或40％乐果乳油1 000倍液、30％敌百虫乳油500倍液。

六、落葵采收

出苗后20～25天，当幼苗长到4～5片真叶时，可陆续采收。间苗采收应从出苗稠密的地方开始分批进行。采收时连根拔起。采收嫩梢：即当嫩梢长到10～15厘米时采收。头梢采收后，每7～10天采收嫩梢一次。采摘叶片：前期15～20天采收一次，中期10～15天采收一次，后期7～10天采收一次，每次每株采叶片1～3片。

第十一章

茴香设施栽培

茴香，别名小茴香、香丝菜、结球茴香、鲜茎茴香、甜茴香等。

一、茴香植物学特征

茴香根系不发达，株高 20～40 厘米，茎直立，有分枝，光滑无毛，有蜡粉。叶片互生，深绿色，叶长 25～30 厘米，宽4～5 厘米，叶柄较长，球茎茴香的球茎由肥大的叶鞘形成，长扁形。花黄色，复伞状花序，果实为双悬果，果棱尖锐，内有 2 粒种子，灰白色，千粒重 1.2～2.6 克。

二、茴香生长发育对环境条件的要求

茴香喜温和气候，种子发芽适温 20～25℃，生长发育适温 10～25℃，白天不宜高于 25 ℃，夜间不低于 10℃，过高或过低都影响生长和品质。茴香在整个生长发育过程中对水分要求严格，尤其在苗期及叶鞘膨大期，要求较高的空气相对湿度和湿润的土壤，不宜干旱。茴香生长过程都需要充足的光照，对土壤要求不严格，pH5.4～7.0 范围内均能正常生长。栽培上为保证产品质量和产量，宜选择保肥、保水力强的肥沃壤土种植。

三、茴香类型和品种

(一) 类型

我国栽培的茴香有小茴香、意大利茴香及球茎茴香（大茴香）。

1. 大茴香　在山西省、内蒙古等地区分布较广。株高30～45厘米，全株5～6片叶，叶柄长，叶间距离大。叶片为具三回羽状深裂细裂片，裂片细窄成丝，绿色，叶面光滑无毛，无蜡粉。植株适应性强，生长较快，春季栽培易抽薹，病害少。

2. 小茴香　分布在天津、北京、辽宁等北方地区。植株较矮，株高20～30厘米，全株有叶7～9片，叶柄短，叶间距离小，叶片为三回羽状深裂的细裂片，裂片窄呈丝状，深绿色，叶片光滑无毛，有白蜡粉。植株生长较慢，抽薹晚，味浓。

3. 球茎茴香　又称意大利茴香。从意大利、荷兰等国家引进。以柔嫩的球茎和嫩叶供食用。一般株高70～80厘米。植株基部鞘抱合，肥大，形成扁球形球茎。全株有7～9片叶，茎短缩，球茎着生短缩茎上。单球重300～500克。抽薹晚，产量高，耐寒耐热，质地柔嫩，纤维少，香味淡。生长期75～120天。春季或秋季均可露地生产。

(二)品种

1. 大茴香品种　如河北扁梗茴香、河北大茴香，内蒙古河套大茴香、乌兰浩特大茴香，甘肃民勤大茴香等。

2. 小茴香品种　如河北小茴香、山西长治茴香、山东商河茴香、湖北省武汉小茴香、云南省昆明茴香等。

3. 球茎茴香品种　如意大利球茎茴香等。

四、茴香栽培季节和栽培技术

(一)栽培季节

1. 温室春茬　播种期11月上旬至12月上旬，定植期12月上旬至次年1月上旬，收获期2月上旬至3月上旬。

2. 塑料大棚双膜一苫早春茬　播种期1月上旬，定植期2月中旬，收获期4月上旬。

3. 塑料大棚延秋茬　播种期8月上旬，定植期9月上旬，收获期11月上旬。

4. 日光温室越冬茬 播种期 9 月上旬，定植期 10 月上旬，收获期 12 月下旬至次年 1 月上旬。

（二）栽培技术

1. 整地作畦 播种前，每亩栽培地施用优质腐熟农家肥 3 000 千克以上、过磷酸钙 100 千克或磷酸二铵 15～20 千克，均匀撒施到地面，然后深翻细耙，整平作畦，栽培畦宽 1.2 米。

2. 催芽与播种 播种前把种子搓开，以利萌发。播种时可采取干籽直播、浸种播或催芽播。大棚春季栽培的一般干籽直播或浸种播，如播期晚可进行催芽播种。浸种播，种子先用 18～20℃清水浸泡 24 小时，然后稍晾干播种；催芽播，将浸泡过的种子放在 20～22℃环境条件下催芽，每天用清水冲洗 1 次，洗去种子表面黏液，6 天左右出芽后播种。

3. 定植 球茎茴香苗高 10～15 厘米，真叶 3～4 片，苗龄 30 天左右时定植，定植行距 30～40 厘米，株距 20～30 厘米。棚室栽培宜稀。定植深度 2～2.5 厘米，以不埋住心叶为宜。

4. 田间管理 大、小茴香播种后，保持畦面土壤湿润，高温季节育苗要搭遮阳网降温避雨。早春种植的，播后立即在棚内距棚膜 30～40 厘米处吊挂一层塑料薄膜，薄膜厚 0.01～0.012 毫米，可使棚内温度增加 2～3℃。播种后至出苗前，密闭大棚保温防寒。出苗后，真叶出现时，开始间苗，苗距 3 厘米左右。同时，及时清除畦面杂草。幼苗期生长缓慢，第一片真叶至第二片真叶展开前不宜多浇水，也不需追肥。当苗高 7～8 厘米，生长速度加快时，随浇水追施尿素，每亩用 10 千克，并开始放风，一般上午超过 22℃时放风，下午低于 20℃时关闭风口。生长中期当早晨棚内温度达 8～9℃时即可放风，一直到下午至 20℃时关闭风口。生长后期外界最低气温超过 5℃时可昼夜通风，白天风口要大，夜间风口要小，使白天最高温度不超过 24℃，否则茴香植株易干尖。苗高 10～12 厘米时，随浇水追施第二次肥，尿素用量同第一次。

球茎茴香定植后要浇一次透水。5～7 天再浇一次缓苗水，夏、秋季需浇 2 次水才能缓苗，长出新叶后浅中耕除草，再蹲苗 7 天左右。在叶鞘肥大期中耕、培土，植株封垄后不再中耕。保持田间土壤湿润，尤其叶柄基部开始膨大时进行第二次追肥，每亩施复合肥 30 千克；球茎迅速膨大期追第三次肥，每亩追复合肥 30 千克、硫酸钾 10 千克。

五、茴香病虫害防治

(一)病害防治

设施栽培茴香，由于连作，病害发生较重。主要有病害苗期猝倒病、菌核病、根腐病、灰霉病、白粉病等。

1. 猝倒病 喷施 70％乙膦锰锌可湿性粉剂 500 倍液或 64％噁霜灵可湿性粉剂 500 倍液、72％霜脲氰·锰锌可湿性粉剂 800 倍液，每 7～10 天喷施一次，连喷 2～3 次。

2. 菌核病 是茴香冬季生产中常见病害。可用 40％菌核净 1 200 倍液或 45％噻菌灵悬浮剂 800 倍液、40％嘧霉胺悬浮剂 800～1 000 倍液、65％硫菌·霉威可湿性粉剂 1 000 倍液等喷雾，重点喷茎基部。保护地栽培可选用粉尘剂。

3. 灰霉病 该病在球茎茴香生长后期棚室湿度大时易发病。发病初期，可用 50％乙烯菌核利可湿性粉剂 500 倍液或 50％腐霉利可湿性粉剂 1 500 倍液喷雾、45％噻菌灵悬浮剂 800 倍液、50％敌菌灵可湿性粉剂 500 倍液、50％多霉·威可湿性粉剂 700 倍液防治，连阴天最好选用粉尘剂或烟雾剂防治，每亩用腐霉利烟雾剂 300 克。

4. 根腐病 发病初期，用 50％多菌灵 500 倍液或 15％双效灵水剂 1 500 倍液、25％丙环唑乳油 3 000 倍液、45％噻菌灵悬浮剂 1 000 倍液、30％土菌消水剂 600 倍液、65％多果定可湿性粉剂 1 000 倍液灌根，每株灌药液 250 克。

5. 白粉病 可喷施 2％嘧啶核苷类抗菌素或武夷菌素200～300

倍液，也可用 40％氟硅唑乳油 8 000 倍液或 10％苯醚甲环唑水分散粒剂 1 000 倍液、30％氟菌唑可湿性粉剂 4 000 倍液、15％粉锈宁可湿性粉剂 1 000～1 500 倍液防治。保护地种植可用 5％百菌清粉尘或 5％春雷氧氯铜粉尘剂喷粉，每亩用量 1 千克。

6. 病毒病 可用 2.5％高效氯氟氰菊酯乳油 3 000～4 000 倍液或 20％吡虫啉水溶剂 3 000 倍液、1％苦参素水剂 8 000～10 000倍液、0.5％藜芦碱醇溶液 800～1 000 倍液、0.65％茴蒿素水剂 400～500 倍液喷雾防治。

（二）虫害防治

茴香主要虫害有蚜虫、茴香凤蝶等。

1. 茴香凤蝶 可用 90％敌百虫结晶或 50％敌敌畏乳油 1 000～1 200 倍液防治，也可用 2.5％敌杀死乳油或 20％氰戊菊酯乳油、10％氯氰菊酯乳油 2 000～3 000 倍液等喷雾。

2. 蚜虫 最好采取黄板诱杀和吡虫啉等杀虫剂蒸杀相结合的措施。采用黄板诱杀，每亩 25 块。也可以用 2.5％高效氯氟氰菊酯乳油 3 000～4 000 倍液或 20％吡虫啉水溶剂 3 000 倍液、1％苦参素水剂 8 000～10 000 倍液、0.5％藜芦碱醇溶液 800～1 000倍液、0.65％茴蒿素水剂 400～500 倍液喷雾防治。

六、茴香采收

大、小茴香高 15～20 厘米时，依市场需求及时采收上市。球茎茴香定植 40 天后，球茎充分膨大而停止生长，外部鳞片呈白色或黄白色时及时采收。收获时将整株拔下，将上部细叶同老叶一同切除，只保留上面叶柄 10 厘米左右和下面球茎，下部从短缩茎部切除后包装上市。

菠菜大棚栽培

菠　菜

中熟大白菜栽培

晚熟大白菜栽培

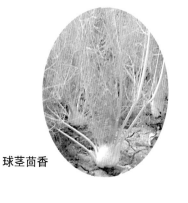

球茎茴香

小茴香

空心菜大棚栽培

空心菜（蕹菜）

木耳菜设施栽培

木耳菜（落葵）

韭菜大棚栽培

韭　菜

茼 蒿

西 芹

本 芹

苋菜大棚栽培

芹菜大棚栽培

苋 菜

春佳（四月慢类型）

香菜（芫荽）

苏州青

矮脚黄

东方17（乌塌菜类型）

东方56号（上海青类型）

买设备，不差钱
种蔬菜，技术是关键

谁种谁赚钱·设施蔬菜技术丛书

- 设施蔬菜生产设备
- 设施蔬菜安全用药
- 设施蔬菜科学施肥
- 蔬菜工厂化育苗技术
- 西瓜 甜瓜设施栽培
- 番茄设施栽培
- 茄子设施栽培
- 辣（甜）椒设施栽培
- 瓜类蔬菜设施栽培
- 豆类蔬菜设施栽培
- 叶（茎）类蔬菜设施栽培
- 结球甘蓝 抱子甘蓝 青花菜设施栽培
- 莴苣设施栽培
- 芽苗菜最新生产技术
- 葱 姜 蒜设施栽培
- 图说15种食用菌精准栽培

封面设计 陈 媖

ISBN 978-7-109-17761-1

9 787109 177611 >

欢迎登录：中国农业出版社网站
www.ccap.com.cn

定价：18.00元